CULTURGESCHICHTE

UND

NATURWISSENSCHAFT.

VORTRAG

GEHALTEN

AM 24. MÄRZ 1877 IM VEREIN FÜR WISSENSCHAFTLICHE VORLESUNGEN ZU KÖLN

VON

EMIL DU BOIS-REYMOND.

ZWEITER UNVERÄNDERTER ABDRUCK.

LEIPZIG,
VERLAG VON VEIT & COMP.
1878.

CULTURGESCHICHTE

UND

NATURWISSENSCHAFT.

VORTRAG

GEHALTEN

AM 24. MÄRZ 1877 IM VEREIN FÜR WISSENSCHAFTLICHE VORLESUNGEN ZU KÖLN.

VON

EMIL DU BOIS-REYMOND.

ZWEITER UNVERÄNDERTER ABDRUCK.

LEIPZIG,
VERLAG VON VEIT & COMP.
1878.

Vorwort.

Der zuerst im Novemberheft 1877 der „Deutschen Rundschau“ abgedruckte Vortrag: „Culturgeschichte und Naturwissenschaft“ erscheint hier als besondere Schrift. Die grosse Verbreitung der „Rundschau“ hat der Theilnahme nicht genügt, welche er in den verschiedensten Kreisen erregte, und von der, neben Uebersetzungen und öffentlichen Besprechungen, zahlreiche, auch von jenseit des Rheines, ja des Weltmeeres, an mich gelangte Zuschriften zeugen. Ein Theil dieser Besprechungen und Zuschriften lauten zustimmend, andere enthalten Zurechtweisungen, welche ihre Urheber erwarten könnten, bei erneutem Abdrucke des Aufsatzes berücksichtigt zu finden. Doch blieb dieser hier bis auf einige Feilstriche unverändert. Bei Berücksichtigung jener Einwände wäre es mir ergangen, wie dem Müller und seinem Sohne bei La Fontaine, und statt eine Einzelausgabe der Kölner Rede wären diese Bogen eine neue Rede geworden.

Einer der mir gemachten Bemerkungen drängt es mich öffentlich zu gedenken. Der Director der Königlichen Sternwarte, Hr. Professor Wilhelm Förster, war so freundlich, unter Hinweis auf seinen, leider von mir übersehenen Vortrag: „Die Astronomie des Alterthums und des Mittelalters im Verhältniss zur neueren Entwickelung“ (Sammlung wissenschaftlicher Vorträge, Berlin 1876. S. 1—29) mir seine Ueberzeugung brieflich darzulegen, dass die von mir aus LITTROW's Rectoratsrede entlehnten Angaben über mangelhafte Beobachtung des Sternhimmels bei den Alten irrig seien, und dass, wenigstens in der Astronomie, die Alten schon auf dem richtigen Weg inductiver Forschung sich befanden.

Wäre ich so glücklich gewesen, mich früher mit Hrn. FÖRSTER hierüber zu unterhalten, so hätte ich LITTROW's Angaben wohl aus Vorsicht weggelassen. Sie nachträglich hier zu streichen, hielt ich mich bei der Rolle, die sie im Gefüge der Rede spielen, nicht für berechtigt. Selbst wenn LITTROW im Einzelnen sich irrte, bliebe übrigens sein Urtheil über die Naturwissenschaft der Griechen im Allgemeinen, wie ich glaube, bestehen: wie weit sie es auch gebracht haben mögen in einer Disciplin, wo ihnen schon eine ansehnliche Erbschaft zufiel, wo sehr einfache Beobachtungen genügten, um zu den wichtigsten Schlüssen zu gelangen, und wo Speculation am ehsten etwas vermochte, während zugleich die Natur des Gegenstandes ihr heilsame Schranken zog.

Berlin, im Februar 1878.

Der Verfasser.

Vorwort zum zweiten Abdruck.

Während die Vorlegung des Unterrichtsgesetzes im Preussischen Landtage dem Vernehmen nach in weitere Ferne gerückt ist, wird die Frage nach der Tauglichkeit unserer Gymnasialerziehung für angehende Aerzte wahrscheinlich bald Gegenstand einer Verhandlung im Deutschen Reichstage werden. Das Curatorium der Realschule erster Ordnung zu Duisburg, unterstützt durch die Curatorien von noch vierundzwanzig Reallehranstalten in Rheinland und Westfalen, hat dem Reichstag ein Gesuch vorgelegt, dahin gehend, dass den Realschul-Abiturienten die Berechtigung zum medicinischen Studium gewährt werde. Denselben Schritt thaten die Directoren und Lehrercollegien der acht städtischen Realschulen Berlin's. Wir stehen somit an der Schwelle einer Entscheidung, die für die deutsche Medicin von eben so ernsten Folgen werden kann, wie die Herabsetzung der Heilkunst zu einem Jedermann zugänglichen Gewerbe durch die Gesetzgebung des Norddeutschen Bundes.

Ich hätte gewünscht, durch eine Gymnasialreform, wie ich sie am Schlusse vorliegender Schrift andeute, die Frage, vor welche der Reichstag sich gestellt findet, insofern beseitigt zu sehen, als an der Ueberlegenheit des reformirten Gymnasiums über die Realschule für Vorbildung zum medicinischen Studium kein Zweifel mehr gewesen wäre. Dazu dürfte der richtige Augenblick leider versäumt sein. Wie die Sachen stehen, würde ich mich glücklich schätzen, wenn meine Vorschläge dazu beitrügen, dass der Reichstag, unter Ablehnung jenes Gesuches, die Reichsregierung aufforderte, die nothwendige Gymnasialreform anzubahnen. Ich weiss wohl, dass diesen Ausgang zu hoffen eitel ist; wenigstens habe ich meine Seele gerettet.

Berlin, im April 1878.

Der Verfasser.

Die Stellung, welche der Mensch gegenüber der Natur zuerst einnahm und im wilden Zustande noch einnimmt, ist bekanntlich sehr verschieden von der, welche Dichter und Philosophen einst träumten. An den lieblichen Bildern, in denen ihre Phantasie sich erging, war nichts Wahres. Die idyllischen Zustände, in welchen sie die noch junge Menschheit sich vorstellten, sind nie und nirgend dagewesen. Nicht mit dem goldenen, mit dem steinernen Zeitalter hat überall die Geschichte des Menschen begonnen. Anstatt der edlen Hirten und anmuthigen Hirtinnen, die unter gesegnetem Himmelsstrich, in reicher Landschaft, unschuldsvoll vom Ertrag ihrer Heerden leben und mit wohlanständiger Sitte des reinsten Glückes geniessen sollten, zeigt uns die Wirklichkeit hässlich rohe Horden im Kampfe mit Hunger, mit wilden Thieren, mit den Unbilden der Witterung, versunken in Schmutz, gedankenlose Unwissenheit und tückische Selbstsucht, das Weib geknechtet, das Alter verstossen, Menschenfresserei durch Mangel geboten und geheiligt durch abergläubischen Brauch. I. Die Urzeit als Zeitalter der unbewussten Schlüsse.

In die Seelenzustände solcher Menschen können wir uns so wenig hineindenken, wie in die von Kindern. Wir können nicht absehen von den Errungenschaften der Geschlechter, auf deren Schultern wir stehen, und deren unermessliche Arbeitshäufung uns zu Gute kommt. Wenn nach Paul Broca die mittlere Hirnmasse der heutigen Pariser die der Pariser des zwölften Jahrhunderts übertrifft,[1] dürfen wir nicht annehmen, dass durch allmähliche Vervollkommnung unser Gehirn höher ausgebildet ward als das der Steinmenschen vor hunderttausend Jahren? Dies schon von Natur vollkommnere Gehirn ist dann früh zahllosen unbewussten Einwirkungen, später den bewussten Einflüssen der Erziehung ausgesetzt, die es mit dem Gehirne jener noch halb thierischen Geschöpfe gleichsam incommensurabel machen.

Den Causalitätstrieb, das Fragen: Warum? welches von unserer Kinder Lippen als holde Gewähr ihres aufblühenden Menschensinnes uns entgegentönt, betrachten Einige als ursprünglichste Eigenthümlichkeit des menschlichen Geistes. Andere glauben, dass auch diese Eigenschaft noch abgeleitet sei, dass sie aus dem Vermögen der Verallgemeinerung hervorgehe.[2] Sicher ist, dass bei dem Menschen auf niederer Bildungsstufe der Causalitätstrieb in einer Form Befriedigung findet, in welcher er kaum noch den Namen verdient. Nichts ist merkwürdiger, so erzählt Charles Martins, als im Verkehre mit den Bewohnern der Sahara diesen Mangel an Ausbildung des Causalitätstriebes zu beobachten. Für diese Leute giebt es keine Ursache in unserem Sinne, kein Gesetz. Nicht das Uebernatürliche, das Natürliche ist für sie nicht da. Jedes Geschehen ist ihnen unmittelbare That verborgener. Mächte. Der französische Ingenieurofficier, welcher in der Gypsrinde der Wüste einen artesischen Brunnen abteuft und ihnen die Segnung eines neuen Dattelhaines verschafft, ist in ihren Augen nicht ein überlegener Mensch, dessen Blick in das Innere der Erde dringt und der es zu erschliessen weiss, sondern ein Wundermann, der, obschon ein Ungläubiger, mit Allah besser sich steht als sie, und, wie einst Moses, Wasser aus dem Felsen schlägt.[3]

In diesem Zeitalter giebt es noch keine Wissenschaft. Es ist das Kindesalter des Geschlechtes, und als solches bietet es manche Aehnlichkeit mit dem Kindesalter des einzelnen Menschen. Wie dies vorzugsweise das Alter der unbewussten Schlüsse ist, so haben unbewusste Schlüsse, durch den Versuch unterstützt, auch wohl zur Erfindung der ersten Werkzeuge geführt. Nicht bloss von Einem, nur einmal und nur an Einem Orte, sondern von Vielen, wiederholt und an den verschiedensten Punkten der Erde wurden sie erfunden. So entstanden

Hebel, Walze, Keil und Beil; Keule und Speer; Schleuder, Blaserohr und Fangschnur; Pfeil und Bogen; Ruder, Segel und Steuer; Netz und Angel; so endlich der Gebrauch des Feuers, welcher mit der Sprache am sichersten den Menschen vom Thiere trennt, und selbst anatomisch ihm das Merkmal einer mit Russ gefärbten Lunge aufprägt. So verdiente sich der Mensch unstreitig früh den ihm von BENJAMIN FRANKLIN beigelegten Namen des werkzeugmachenden Thieres.

II. Das anthropomorphe Zeitalter.

Was aber Günstiges oder Ungünstiges, seinem Willen entzogen oder zuwider, als zwingende Naturmacht ihm entgegentrat, darin begann er bald, vermöge eines dem Geschlecht tief innewohnenden Zuges, das Werk ihm ähnlicher, für gewöhnlich seinen Sinnen verhüllter Wesen zu sehen, denen er Befreiung von den ihn selber hemmenden Schranken, sonst aber seinen eigenen ähnliche freundliche und feindliche Strebungen, Liebe und Hass, Dankbarkeit und Rache andichtete. Die Gesammtheit dieser Vorstellungen zu Einer Zeit, bei Einem Volke, nennen wir Religion; doch lässt sie sich auch als personificirende oder *anthropomorphe* Stufe der Naturanschauung auffassen. Solcher Stellung des Menschen zur Natur begegnen wir in den Homerischen Gesängen.

Nach DAVID FRIEDRICH STRAUSS wurzelt der Hang des Menschen zur Personification der Naturkräfte darin, dass sie ihm Aussicht eröffnet, die unbekannten gefürchteten Mächte sich günstig zu stimmen.[4] Vielleicht lässt sich dafür noch ein tieferer Grund angeben. Der Mensch kennt ursprünglich keine andere Ursache des Geschehens, als seinen eigenen Willen, dessen Ausübung er unmittelbar empfindet, und deshalb führt er alles Geschehen auf ähnliche Willensäusserungen zurück. Diese Deutung erscheint um so wahrscheinlicher, als dieselbe Vorstellungsweise, obschon in mehr geläuterter Form, unvermerkt noch heut unsere naturwissenschaftlichen Theorien durchdringt. Denn unverkennbar dies ist der Ursprung des Begriffes Kraft, der in der Wissenschaft so grossen Schaden anrichtete, und trotz allen Bemühungen immer wieder sich einschleicht.[5] Erleben wir doch sogar, dass einige verwirrte Köpfe allen

Ernstes sich einbilden, durch solchen Anthropomorphismus die wechselseitige Anziehung der Körper durch den leeren Raum verständlich zu machen. Worin unterscheidet sich der Wille, der nach unseren neuesten Naturphilosophen die Atome einander zutreibt, von den die Planeten beseelenden Göttern des Alterthums? Die Schlange der menschlichen Erkenntniss hat sich wieder einmal in den Schwanz gebissen.

In seiner 'Geschichte der Civilisation' leitet Thomas Buckle, auf den ersten Blick recht überzeugend, aus den 'Ansichten der Natur' in verschiedenen Ländern die dort entstandenen Religionen ab.[6] Er schildert Indien im Norden begrenzt durch den Himalaya, wo der Mount Everest zur doppelten Höhe des Montblanc ragt, der Kwen-Lun-Pass fast in der Höhe des Kaukasus nach Tübet führt, wo Eiger, Mönch und Jungfrau umgestürzt nur ein Seitenthal füllen würden. Nach Süden zeigt er uns die indische Halbinsel mit hafenlosen Küsten vorspringend in eine bis zum Pol offene, oft von Wirbelstürmen aufgewühlte See. Von jenem Gebirge zu dieser See ergiessen sich unüberbrückbare Ströme durch unermessliche Dschungles, wo reissende Thiere und giftiges Gewürm den Wanderer auf Schritt und Tritt bedrohen. Dem Schlangenbisse, besonders dem der Cobra di Capello, fallen in Britisch-Indien nach amtlichen Erhebungen jährlich etwa elftausend Menschen zum Opfer.[7] Misswachs, Hungersnoth, Ueberschwemmungen kehren in Bengalen mit trauriger Regelmässigkeit wieder. Die Weltseuche Cholera hat im Ganges-Delta ihren Herd, und in der mit Lungenbrand einherschreitenden indischen Pest des Radjahstan erkannte Hirsch den schwarzen Tod des Mittelalters wieder, Boccaccio's Florentinische Pest, welche, wie in unseren Tagen die Cholera, damals ihren gespenstischen Umzug durch die Welt hielt.[8]

Muss nicht, fragt Buckle, gegenüber solcher Natur, die ihm auf hundert Wegen Vernichtung droht, der Mensch klein und ohnmächtig sich fühlen? Er komme nicht zum denkenden Bewusstsein, sondern phantasire muthlos von übermächtigen feindseligen Gewalten als Urhebern der verderblichen Vorgänge. Er vergöttere die Gegenstände seiner Furcht, baue ihnen

Altäre und bringe ihnen Opfer dar.[9] Demgemäss trage in der indischen Mythologie Alles das Gepräge des Ungeheuerlichen. Die Menschen leben Hunderttausende von Jahren. Die Weltperioden zählen nach Einheiten mit dreiundsechzig Nullen. Der Gott Siwa, der mit Brahman und Vishnu die indische Dreieinigkeit bildet, ist ein Scheusal mit drei Augen, einem Halsbande von Menschenknochen, einem Gürtel von Schlangen. In der Hand hält er einen Schädel, ein Tigerfell ist sein Gewand, über seine linke Schulter empor ringelt sich die tödtliche Cobra. Sein Weib Durga wird dargestellt blau mit bluttriefenden Händen, gebleckter Zunge, vier Armen, einem Riesenschädel in der einen Hand, einem Halsbande von Menschenhäuptern, einem Gürtel von abgehauenen Händen. Alle Hindu-Gottheiten haben dergestalt etwas Unmenschliches, Missgeborenes, Ueberzahl von Gliedmaassen oder unnatürliche Farbe.

Denselben Einfluss der den Menschen bedrohenden Gefahren einer tropischen Natur auf die religiösen Vorstellungen glaubt Buckle in Centralamerika bestätigt zu finden. Der Reisende Kennan führt das Schamanenthum der sibirischen Steppenbewohner auf die sie umgebenden ernsten Naturscenen zurück. Einsam auf der Tundra mit seiner Rennthierheerde, im Scheine des Nordlichtes die rings ihn umheulenden Wölfe erspähend, durchwacht der Korjäke die eiserne Polarnacht, und wähnt sich von bösen Geistern bedrängt, deren Hass er durch Hundeopfer und Zauberkünste zu beschwören sucht.[10] Wie sehr die düstere Erhabenheit der Eddasagen mit der isländischen Natur stimme, in welcher vulcanische Kräfte mit dem Eis um die Herrschaft streiten, sieht Jeder.

Gegenüber diesen Ansichten der Natur und den angeblich aus ihnen erwachsenen Religionen erinnert nun Buckle an das anmuthvolle Maass griechischer Landschaft, und versucht daraus den menschlich schönen Charakter des hellenischen Mythos abzuleiten. Mit zahlreichen, sichere Buchten einschliessenden Vorgebirgen, umgeben von einer blühenden Inselwelt, ragt Hellas in das heiter umfriedete Mittelmeerbecken, ohne einen Berg, der ewigen Schnee trüge, ohne gewaltige Ströme, ohne Vulcane und Wüsten, und mit so gesundem Klima, dass es in einem

Jahrtausend nur von Einer grossen Volkskrankheit, der Thukydidischen Pest, heimgesucht ward. Hier, meint BUCKLE, fühlte sich der Mensch nicht von der Natur erdrückt. Hier konnten jene Sagen entstehen, die in ewiger Frische noch heut uns erquicken, weil sie, statt Personification verwüstender Naturmächte, Verklärung alles rein Menschlichen bedeuten. Zwar spuken auch im hellenischen Mythos Ungeheuer genug, welche, dem morphologisch gebildeten Auge ein Greuel, den Vorstellungskreis unserer Künstler noch verunstalten. Aber auch mit den schlimmsten dieser Ungeheuer nimmt der Mensch es noch auf, wie Odysseus mit der Skylla; oft siegt er ihnen ob, wie Bellerophon der Chimaera, Theseus dem Minotauros; und durch unmerkliche Abstufung, zuletzt durch die lieblichen Verkörperungen der Busch-, Berg- und Quellgeister, gehen diese Geschöpfe der bildnerischen Griechenphantasie über in unentstellte Menschengestalten.

Es hält nicht schwer, BUCKLE's, auch von LECKY[11] vorgebrachten Gedanken noch weiter auszuspinnen, und den Monotheismus der Semiten aus deren Aufenthalt in der Wüste abzuleiten, wo die Natur ihnen in grossartiger Einförmigkeit, farben- und gestaltenarm erschien. Auch soll nicht geleugnet werden, dass in dieser Lehre von der Uebereinstimmung der Religionsformen mit der Erscheinungsweise der Natur etwas Richtiges liege. Sie trägt aber, gleich mancher anderen BUCKLE'schen Deduction, das Gepräge eines etwas seichten Rationalismus. Eine Reihe mannigfaltiger und schwer darzulegender Mittelglieder ist dabei übersprungen. Viel zu unmittelbar werden die Religionsformen mit den Ansichten der Natur verknüpft. Besonders die Ableitung der Hindu-Mythologie aus den angeblichen Schrecken der indischen Natur dürfte verfehlt sein. Zwischen Himalaya und Südsee liegen Tausende von Quadratmeilen fruchtbaren, jetzt dicht bevölkerten Landes, wo die Natur durchaus keine die Phantasie ungewöhnlich aufregende Erscheinung bietet. Und was war den Schöpfern der brahmanischen Glaubenslehre ein Gebirge, das sie nicht zu übersteigen, eine See, die sie nicht zu befahren brauchten? Wer möchte behaupten, dass die Juden zwischen Indus und Ganges verpflanzt die brahmanische, die Korjäken nach dem Peloponnes versetzt die hellenische Götterlehre erdacht hätten? Dies führt auf den von Buckle und Lecky wohl nicht genug beachteten oder betonten Punkt. Man sage, die völkerpsychologische Eigenthümlichkeit eines Zweiges der Menschheit sei das Erzeugniss der landschaftlichen Eindrücke, unter denen er aufwuchs, verbunden mit vielem Anderen, und wieder jene Eigenthümlichkeit, verbunden mit vielem Anderen, erzeugte seine Religionsform: so wird man den ursächlichen Zusammenhang richtiger bezeichnet haben.[12]

III. Das speculativ-ästhetische Zeitalter.

Aus dem Charakter der griechischen Landschaft leitet dann Buckle das Ebenmaass im griechischen Geist ab. Hier zuerst, sagt er, herrschte nicht einseitig und ungezügelt Phantasie, sondern neben ihr, sie beherrschend und leitend, ohne doch ihr die Flügel zu sehr zu beschneiden, forschender und prüfender Verstand. Wie viel auch die Griechen ursprünglich ägyptischen Priestern entlehnt haben mögen, bei ihnen zuerst tritt uns, im Gegensatz zur anthropomorphen Naturanschauung, eine wissenschaftlicher Auffassung sich nähernde Naturbetrachtung geschichtlich klar entgegen. Noch sehr anthropomorph, beginnt sie mit den Lehren der ionischen Physiologen, und schwingt sich in zweiundeinhalb Jahrhunderten zu solcher Höhe auf, dass man bei Epikur das Gesetz von der Erhaltung der Kraft, welches den stolzen Bau der heutigen mathematischen Physik trägt, schon im Keim erkennt. Wenn auch Epikur das Gesetz weder strenge formuliren, noch an einem Beispiel erläutern konnte, so giebt er doch dafür einen Beweis, der mit einer zweitausend Jahre jüngeren Leibniz'schen Ausführung sich deckt.[13] So waren in Bezug auf die letzten Fragen jene alten Denker im Grunde schon so weit oder vielmehr so wenig weit wie wir: für die Erkenntnisstheorie eine Thatsache von nicht zu unterschätzender Bedeutung.

Erwägt man die Kenntnisse in Mathematik, Astronomie, Akustik, welche sogar Thales und Pythagoras schon besassen, so hat es den Anschein, als sei bei der mittelländischen Menschheit der Causalitätstrieb jetzt gereift, und als müsse sie fortan unentwegt fortschreiten auf der Bahn zu den letzten, erst von unserem Zeitalter erreichten Stufen der Naturerkenntniss, und zu der darauf gegründeten Naturbeherrschung. Jedermann weiss, wie anders es kam.

Unter *Naturwissenschaft* verstehen wir hier stets nicht allein die Summe der Kenntnisse von der todten und lebenden Natur, ihren Erzeugnissen, Wirkungen und Gesetzen, sondern auch die bewusste Einsicht in die zur Vermehrung jener Summe einzig dienliche Methode, und die gleichfalls bewusste Anwendung der Naturerkenntniss zu Zwecken der Technik, der Schifffahrt, der Heilkunde u. dergl. m., also die planmässige Bewältigung und Ausnutzung der Natur durch den Menschen zur Vermehrung seiner Macht, seines Wohlbefindens und seiner Genüsse.

Naturwissenschaft in diesem Sinne hat es, wie man wohl sagen kann, bei Griechen und Römern nicht gegeben. Jenen scheinbar vielversprechenden Anfängen fehlte es an fortzeugender Kraft. Zwar erheben sich innerhalb des Jahrtausends, welches Thales und Pythagoras vom Untergange des weströmischen Reiches trennt, einzelne Geister zu ausserordentlicher Höhe. Aristoteles und Archimedes sind unzweifelhaft den grössten Lehrern der Menschheit beizuzählen. Auch schien durch die Alexandrinische Schule eine Zeit lang stetiger Fortschritt gesichert. Aber Nichts zeigt besser den stockenden Gang der Naturerkenntniss bei den Alten, als die einfache Thatsache, dass vierhundert Jahre nach Aristoteles, in einem Zeitabstande gleich dem zwischen Roger Baco und Newton, der unkritische Sammler Plinius möglich war. Es ist, als hätten Herodot und Tacitus die Plätze vertauscht.

Die Geschichte des menschlichen Geistes bietet wenig merkwürdigere Erscheinungen. Dieselben Völker, deren Dicht- und Bildwerke noch heut uns auf das Höchste beglücken, welche in Geschichte, Rechtswissenschaft und Metaphysik nach Form und Inhalt für alle Zeit Mustergültiges schufen, welche in Beredtsamkeit, Kriegskunst, Verwaltung und Rechtspflege noch immer unsere Lehrer sind, sie kamen in der Naturerkenntniss nie über den kindlichen Standpunkt naiver Leichtgläubigkeit und spielender Hypothesenmacherei hinaus. Ihrem Geist, der gern zu übersinnlicher Speculation ikarische Schwingen regte, fehlt die geduldige Besonnenheit, um von besonderen, fest umschriebenen Thatsachen zu allgemeinen Wahrheiten den beschwerlichen, aber einzig sicheren Pfad der Induction emporzusteigen, um vom scheinbar Zufälligen zum Gesetzmässigen sich stufenweise methodisch zu erheben. Zwar findet sich das inductive Verfahren im Keime schon bei SOKRATES und ARISTOTELES;[14] die im Allgemeinen und theoretisch als richtig erkannte Methode wusste aber im einzelnen Falle Niemand anzuwenden, und bei solchem schwächlichen Anlauf ist es im Alterthume geblieben. Auch wo die Alten einmal richtig beobachtet hatten, verirrte sich gleich der nächste Erklärungsversuch in so sinn- und geschmacklose Träumereien, dass man die Theorie vom grossen Pan, der mit seinem Gefolge goldgelockter Nymphen Wald und Flur beherrscht, vom Poseidon, dessen Dreizack die Fluth erregt und bändigt, und vom Zeus, der den Donnerkeil schwingt, noch weit vorzieht. Des gefesselten Prometheus Schilderung seiner Verdienste um die Menschheit ist ein treues Bild der antiken Naturwissenschaft, wenn er mit Sternkunde, Zahlenlehre, Buchstabenschrift, Thierzucht, Schifffahrt, Bergbau und Heilkunde in einem Athem als gleichwerthige Gabe Deutung der Träume, des Vogelfluges und der Zeichen aus den Eingeweiden der Opferthiere nennt.[15]

In seiner höchst lesenswerthen Rectoratsrede 'Ueber das Zurückbleiben der Alten in den Naturwissenschaften'[16] führt Hr. VON LITTROW aus PLUTARCH's Gespräch über den 'Mann im Monde' eine für die Unfähigkeit der Alten, naturwissenschaftlich zu denken, bezeichnende Probe an. Er hätte auch als solche den von unerträglichem Unsinn strotzenden 'Timaeos' des PLATON, oder die ganze unter PLUTARCH's Namen uns überlieferte Schrift 'Ueber die Lehrmeinungen der Philosophen'[17] nennen können, von der BIOT sagt, dass sie den Keim aller neueren Entdeckungen, ja diese Entdeckungen selber enthalte: nur leider sei Wahrheit und Irrthum darin gleich sehr das Werk des Zufalls; diese Meinungen seien gleich Lotterienummern, deren Werth man erst nach der Ziehung erfahre.[18]

Allein LITTROW zeigt auch, worauf man bisher weniger achtete, dass die Alten nicht einmal naturwissenschaftlich zu beobachten wussten.

Dass Sehen gelernt werden müsse, lehrt freilich die Physiologie.[19] Die ungeheure Mehrzahl der Menschen ahnt nicht, dass wir fortwährend Doppelbilder sehen, aber zweckgemäss vernachlässigen. Die Nachbilder, die in die Breite der Gesundheit fallenden Trübungen der Augenmedien, die Phantasmen vor dem Einschlafen nehmen nur Wenige wahr. Erst vor zweihundert Jahren entdeckte MARIOTTE, dass wir im Auge einen blinden Fleck haben, den wir mit der Farbe des gerade betrachteten Grundes überziehen, indem wir der dort vorhandenen Lücke im Sehfeld die wahrscheinlichste Deutung geben. Von 1809 an, wo MALUS die Polarisation des Lichtes entdeckte, hatten Beobachter wie ARAGO, BIOT, FRESNEL und BREWSTER vergeblich sich bemüht, polarisirtes Licht von gewöhnlichem Lichte mit blossem Auge zu unterscheiden. Seit dies 1844 HAIDINGER gelang, gehören die nach ihm genannten gelben Büschel für jedes geschulte Auge zum normalen Anblicke des blauen Himmels.

Im Gebiete der Tonempfindungen entziehen sich bekanntlich die Obertöne anfangs auch der unmittelbaren Wahrnehmung, obschon die durch sie dem Klang ertheilte Färbung sogleich von Jedem bemerkt wird, ausgenommen von den schlecht vocalisirenden deutschen Stämmen.[20]

Aber um solche Feinheiten handelt es sich hier gar nicht. Es handelt sich um so augenfällige Gegenstände wie die Sterne, welche zu beobachten die Alten unter ihrem glücklichen Himmel weit günstigere Gelegenheit hatten, als wir, und welche ihnen überdies, vor Erfindung der Bussole, zur See und zu Lande von grösster praktischer Wichtigkeit waren. Dennoch giebt der ältere PLINIUS die Zahl der beobachteten, d. h. der seiner Meinung nach mit blossem Auge sichtbaren Sterne zu nur 1600 an, während ARGELANDER deren 3256, HEIS, der die Sterne als Punkte ohne Strahlen sah, ihrer noch etwa 2000 mehr verzeichnete. Dazu kommt noch, dass die Alten wegen ihrer geringeren geographischen Breite einen grösseren Theil der

Himmelskugel übersahen, als wir. Die von den Alten verzeichneten Sterne nehmen mit steigender Ordnungszahl der Grössenclasse, welcher sie angehören, an Zahl ab, da doch jede Grössenclasse höherer Ordnung mehr Sterne enthält, als alle früheren zusammen. Nebelflecke und Sternhaufen kannte PTOLEMAEUS fünf, ARGELANDER sah mit blossem Auge neunzehn. HIPPARCH und PTOLEMAEUS übergehen die Nebel in dem Orion und der Andromeda. Am auffallendsten ist vielleicht, dass die Alten die Plejaden nicht richtig zählten, obschon deren Zahl streitig, also Gegenstand geschärfter Aufmerksamkeit, und obschon dies Sternbild ihnen bei Bestimmung der Jahreszeiten von Wichtigkeit war.[21] Nach ARATUS, der unter den Diadochen blühte, zählte man ursprünglich sieben Plejaden, doch seien es nur sechs, und die Meinung falsch, dass eine unterging.[22] HIPPARCH sah deren aber wieder sieben. Dennoch sagte OVID von den Plejaden:

Siebengestirn genannt, pflegen es sechs nur zu sein;[23]

und die Dichter fuhren fort, von der verlorenen Plejade zu reden.[24] Jetzt erkennen Laien mit guten Augen ihrer vierzehn bis sechzehn.[25]

Die Alten haben also nach LITTROW den Sternhimmel so unvollkommen beschrieben, als wären sie in gewissem Grade kurzsichtig gewesen, oder als sei, was aus anderen Angaben sich widerlegt, der Ortssinn der menschlichen Netzhaut feiner geworden. Im Gegensatz dazu kann man die Feinheit ihres künstlerischen Blickes beim Nachbilden des menschlichen Körpers nicht genug bewundern. An den Plejaden haben sie sich verzählt. Die Wellenlinie weiblicher Schönheit ist vollkommener als von ihnen nicht wiedergegeben worden, und der Borghesische Fechter zeugt in jedem seiner aufblitzenden Muskeln von so genauer Beobachtung, dass er dazu führte, anatomische Mysterien der antiken Kunstschulen zu vermuthen.[26] Man pflegt die Meisterschaft der alten Bildhauer in Darstellung des männlichen Körpers durch den Vortheil zu erklären, den ihnen im Vergleiche zu unseren auf handwerksmässige Modelle angewiesenen Künstlern der häufige Anblick des frei bewegten

Nackten auf Turnplätzen und bei Kampfspielen gewährte. Aber dem weiblichen Körper gegenüber befanden sich die alten Bildhauer in nicht viel besserer Lage, als die unsrigen, und doch haben sie auch hier Unübertroffenes erreicht. Ebenso leicht wie die alten Künstler nackte Athleten, können unsere Künstler die nackte lebende Pferdebrust studiren, und doch hiess es zu Franz Krüger's Lebzeiten, nur er verstehe eine Pferdebrust zu malen. In Wahrheit hatten die Alten Sinn für diese Art von Beobachtung, während es ausserhalb ihrer geistigen Gewohnheiten lag, Erscheinungen nach Raum, Zeit und Gewicht zu bestimmen. Für künstlerische Gestaltung erlangte daher ihr Auge die höchste Ausbildung, für Auffassung wissenschaftlicher Thatsachen fehlte ihm die Erziehung.

Vollends die Kunst des Experimentirens blieb ihnen fremd, wobei planmässige Beobachtung unter willkürlichen Bedingungen sich mit sinnreich ausschwärmender Phantasie und besonnener Kritik zu einer durchaus modernen Geistesthätigkeit verbindet, welche nicht bloss in den Erfahrungswissenschaften oft allein Gewissheit bringt, sondern auch neue Erscheinungen schafft. Schon Thales kannte 'die Seele des Bernsteins', und die Kraft des Herakleischen Steines war als Spielerei den Alten geläufig; nie aber kamen sie über die erste rohe Wahrnehmung dieser Wirkungen hinaus, aus welchen der Geist der neueren Völker eine Welt von Thatsachen und Gedanken entwickelt hat.

Zu Alexander's des Grossen Zeit war die Theilnahme an merkwürdigen Naturgegenständen doch so weit gediehen, dass er seinem Lehrer Aristoteles dergleichen aus dem Felde nach Hause schickte. Aber wie wenig haben später die Römer die unvergleichliche ihnen gebotene Gelegenheit zur Bereicherung der Naturkunde benutzt. Aus allen Gegenden ihres unermesslichen Reiches schleppten sie für ihre an Gemeinheit wetteifernden Kampfspiele und Tafelfreuden Thiere zusammen. Mit ungeheuren Kosten züchteten sie alles mögliche essbare Gethier. Auch werden Vogelhäuser erwähnt. Von einem Ort in Rom, wo Pflanzen und Thiere zur Schau gestellt gewesen wären, einem Thier- und Pflanzengarten, wie schon die Azteken ihn hatten,[27] lesen wir nichts.[28]

Ohne wissenschaftliche Beobachtung, ohne Versuch und ohne gesunde Theorie ist in der Technik stetiger Fortschritt undenkbar. Er beruht nothwendig auf bewusster Benutzung der in ihrem gesetzmässigen Wirken durchschauten Naturkräfte. Davon konnte nach dem Allen bei den Alten keine Rede sein. Zwar hatten sie einige Zweige der Technik weit ausgebildet. Im Hoch-, Wege- und Brückenbau, im Erzguss und Steinschneiden waren sie Meister. Die Befestigungs- und Belagerungskunst der späteren Römer erregt Bewunderung. Um aber den Zustand der Technik bei den Alten richtig zu beurtheilen, muss man ihn mit dem anderer Völker vergleichen. Die technischen Fertigkeiten, in welchen sie sich hervorthaten, gehören einer verhältnissmässig niedrigen Bildungsstufe der Menschheit an. In der Baukunst z. B. haben auch Aegypter, Assyrer, Inder, sogar die Inka-Peruaner Grosses geleistet. Eine schon ungleich höhere Stufe der Technik kennzeichnen dagegen die drei Erfindungen der Bussole, des Schiesspulvers und des Buchdruckes. Auf sie folgt dann die Stufe der durch Wärme betriebenen Kraftmaschinen, welche erst die neuere europäische Menschheit betrat.

Jene zweite Stufe technischer Ausbildung haben die Alten nicht erreicht. Dagegen wurde sie vergleichsweise früh von den neben Griechen und Römern sonst als Barbaren erscheinenden ostasiatischen Culturvölkern erstiegen, obschon diese freilich die Bussole nur zu Lande, das Pulver nur zu Feuerwerken benutzten, und den Druck mit beweglichen Lettern wegen Unbeholfenheit ihrer Schrift nicht ausbildeten. Aber auch in Keramik und Textilindustrie übertreffen Inder, Chinesen und Japaner die classischen Völker. Die antike Cultur ist, wie man wohl sagen kann, stets mit einem Fuss im Bronze-Zeitalter stehen geblieben. Um die Langsamkeit ihrer Fortschritte in der Technik sich zu veranschaulichen, vergleiche man den Unterschied zwischen der materiellen Cultur zu CONSTANTIN's und der zu PERIKLES' Zeit mit dem Unterschiede zwischen unserer Cultur und der zu BARBAROSSA's Zeit. Die technischen Beschäftigungen bei den Alten waren meist Sclaven anvertraut. Man führt dies als Grund an, weshalb ihre

Technik auf niederer Stufe blieb. Aber beweist nicht die Verachtung der freien Bürger für technische Beschäftigungen den geringen bei ihnen dafür vorhandenen Sinn? Wie dem auch sei, die materielle Cultur der Alten zeigt eine Einseitigkeit und Lückenhaftigkeit, welche den vorher aufgedeckten Mängeln ihrer theoretischen Cultur entsprechen.

Daher das Missverhältniss zwischen technischer und ästhetischer Leistung, welches an den Erzeugnissen antiken Kunstgewerbes oft bemerkt wird. Wer hätte nicht an den Lampenträgern sich gefreut, welche aus den durch den Vesuv verschütteten römischen Villen in unsere Antiquarien geborgen wurden? An leichtem Erzgezweig, dessen Blätter im Lufthauche zu zittern scheinen, schaukeln sich an Kettchen köstlich geformte Lampen. Das sind die Lampen, bei deren Scheine Caesar seine Thaten aufzeichnete, Cicero seine Sätze rundete, Horaz seine Oden feilte. Jede dieser Lampen ist nichts als ein Oelbehälter, in dessen Tülle ein Docht taucht; eines jener Schmauchlämpchen, wie sie heute bei uns keine Küchenmagd mehr sich gefallen lässt. Dem Quell des Lampenlichtes nachzuspüren; ihn zu finden in der bis zu einem gewissen Grade vollkommenen Verbrennung einer kohlenstoffreichen Verbindung — nur so vollkommen, dass in der, aus vollkommener Verbrennung entstandenen heissen, aber nicht leuchtenden Flamme noch feste Kohle weissglühe —; diesen Grad der Verbrennung durch Regelung des Zutrittes der Luft und des Oeles herbeizuführen; dabei die Flamme vor Wind, die Umgebung vor Einräuchern und das Geruchsorgan vor dem ekelhaft beizenden Akrolein zu schützen: dies Alles kam Jahrhunderte lang dem grossgriechischen Lampenkünstler nicht in den Sinn. Ihm war die vollkommnere Lampe nur die schönere; sollte sie besser leuchten, so hing er ein paar Schmauchlämpchen mehr an einen reicher ausgebildeten Bronzebaum.

So glich die alte Cultur einer jener Münzen, denen der Meister ein herrliches Götterantlitz aufprägte, die er aber rund zu machen nicht verstand. Es wird gerechtfertigt erscheinen, wenn wir diese Cultur als wesentlich ästhetisch, die Stellung der Alten der Natur gegenüber als *speculativ-ästhetisch* bezeichnen.

Das Zurückbleiben der Alten in der Naturwissenschaft ward verhängnissvoll für die Menschheit. In ihm liegt einer der vornehmsten Gründe, aus denen die alte Cultur unterging. Das grösste Unglück, welches die Menschheit traf, Ueberrennung der Mittelmeerländer durch die Barbaren, blieb ihr wahrscheinlich erspart, hätten die Alten Naturwissenschaft in unserem Sinne gehabt.

Vielleicht wurde dieser Punkt bisher nicht gebührend beachtet. Als Montesquieu und Gibbon den Verfall des römischen Reiches schilderten, hatte die Naturwissenschaft im Bewusstsein der neueren Völker ihre heutige Bedeutung noch nicht erlangt, und noch jetzt liegt sie meist den Geschichtschreibern fern. Die vielen Ursachen, aus denen das römische Reich zerbröckeln und den Barbaren zur Beute werden musste, sind wiederholt mit Tiefe und Scharfsinn dargelegt worden. Unstreitig litt die antike Welt an schweren inneren Schäden. Die Sclavenwirthschaft, das Prätorianerthum, die Sittenverderbniss und Ehescheu, der Verfall des bürgerlichen wie des militärischen Geistes, die Blasirtheit einer überfeinerten Bildung, welche alle Genüsse erschöpft, alle Ideale abgenutzt hatte, und aus sich selber heraus nicht über sich hinaus konnte: das sind die oft erörterten inneren Gründe, aus welchen man den rettungslosen Untergang des römischen Weltreiches ableitet.

Und doch zeigt der Erfolg, den fast jedesmal ein tüchtiger Mann auf dem Throne der Caesaren hatte, dass die Dinge so verzweifelt nicht standen. Bis in sehr späte Zeit liessen sich die Verhältnisse immer noch leidlich ordnen und beherrschen, und vor dem Feinde verleugneten die Legionen nie ganz die altererbte Tapferkeit und Zucht. Auch zur Zeit der höchsten Blüthe des römischen Staates hatten sie nicht immer gesiegt. Die Einführung des Christenthums brachte weniger, als zu erwarten, die antike Welt aus den Fugen. Wurde auch dabei ein Theil der alten Bildung, „wie ein böses Unkraut ausgerauft“, in der Hauptsache blieb sie unangerührt. Noch standen, zum Theil unter dem Schutze des siegreichen Kreuzes, Tempel, Theater, Bäder und Gerichtshallen, die Fülle der

Kunstwerke spottete der Wuth der Zerstörer, und unversehrt noch bargen die Papyrusrollen der Bibliotheken ihren während eines Jahrtausends angesammelten Schatz. Gelang es, den aus Nordost hervorquellenden Barbarenmassen so lange einen Damm entgegenzusetzen, bis die Fluth sich staute und jene Massen selber in den Wirkungskreis der Civilisation geriethen, so war diese im Wesentlichen gerettet.

Nach Liebig zwar, der den Untergang der alten Cultur auch schon vom Standpunkt des Naturforschers betrachtete, war es dennoch um sie geschehen. Im Verfolg seiner Lehre vom mineralischen Dünger stellte er die Behauptung auf, das römische Weltreich sei, wie schon früher das griechische Gemeinwesen und später die spanische Macht, zu Grunde gegangen, weil im Bereiche des römischen Kornhandels der Boden an den für Weizen unentbehrlichen Mineralstoffen, besonders an Phosphorsäure und Kali, erschöpft war.[29] Conrad hat diese Ansicht widerlegt und gezeigt, dass die Thatsache der Bodenerschöpfung nicht feststehe. Ueberall, wo Liebig den Boden als durch Raubbau ausgesogen darstellt, lassen sich für dessen scheinbar gesunkene Fruchtbarkeit andere Gründe angeben: Dürre wegen Eingehens von Bewässerungsanlagen oder unvorsichtiger Entwaldung, Versumpfung durch verwahrlosten Flusslauf oder vulcanische Senkung. Noch heute trüge in Italien manche einst dicht bevölkerte Einöde reiche Frucht, hielte nicht der Drache der bösen Luft Wache vor dem goldenen Vliesse der Weizenernten. Südspanien ward unfruchtbar erst, seit christliche Unduldsamkeit den fleissigen Mauren vertrieb und gothische Trägheit seine Berieselungsrinnen verschlammen liess. Wo sie nicht übermächtigen natürlichen Ursachen entsprang, war also Unfruchtbarkeit nicht Ursache, sondern Wirkung des staatlichen Verfalls. Unter besseren politischen Verhältnissen würde oft die alte Fruchtbarkeit wiederkehren; nur Abholzung ist, wie die Provence zeigt, kaum je wieder gut zu machen.[30]

Nicht weil der Boden der Mittelmeerländer an Phosphorsäure und Kali verarmt war, ging die alte Cultur unter, sondern weil sie auf dem Flugsand der Aesthetik und Speculation ruhte, den die Sturmfluth der Barbaren leicht unter ihr wegwusch. Man stelle sich die Legionare, statt mit dem Pilum, mit Steinschlossmusketen bewaffnet vor, statt Katapulten und Ballisten das Geschütz auch nur des sechszehnten Jahrhunderts. Wären nicht von Cimbern und Teutonen an bis zu Vandalen die wandernden Völker mit blutigen Köpfen heimgesandt worden? Gewiss schlugen die Römer auch mit dem Pilum allein die Teutonen zurück, wie denn bei gleichwerthiger Bewaffnung höhere Kriegskunst, unterstützt durch höhere geistige und körperliche Ausbildung des einzelnen Mannes, noch immer den Sieg davontrug über undisciplinirte Haufen. Aber mit Feuergewehr statt Pilum hätten im Kampfe mit den Barbaren die Römer stets auch ohne Marius und ohne so ungeheure Anstrengung gesiegt, wie bei Aquae Sextiae. Alles Erwägen dessen, was unter Umständen geschehen wäre, ist müssig; das aber scheint doch klar: hätten nicht die Alten versäumt, die unbedingte Ueberlegenheit über rohe Kraft sich zu erwerben, welche Dienstbarmachung der Natur und stetig fortschreitende Technik verleihen, so wären beide Völkerelemente des Nibelungenliedes, nordische Recken und asiatische Steppenreiter, gleich ohnmächtig geblieben gegen das römische Reich, trotz dessen zum Himmel stinkender Fäulniss; und hätten die Alten ihre Erfindungskraft genugsam angespannt, um es bis zum Buchdrucke zu bringen, so brauchten wir, trotz der Völkerwanderung, nicht den Verlust so vieler Meisterwerke der Dichtung, Beredtsamkeit und Geschichtschreibung für ewig zu betrauern.[31]

IV. Das scholastisch-asketische Zeitalter.

So jedoch sank die alte Cultur dahin. Die Nacht des Mittelalters senkte sich auf die einst im Glanz alles Grossen und Schönen schimmernden Gestade des Mittelmeeres, und ein eigenes Geschick kam dazu, um die geistige Verwüstung gründlicher zu machen, und den schon bei den Alten hinreichend kümmerlichen Fortschritt der Naturerkenntniss vollends auf lange zu hemmen.

Mit dem Sturze des römischen Weltreiches traf zusammen der Sturz des noch aus der anthropomorphen Periode der

Naturanschauung stammenden Polytheismus. Das Christenthum trat die Erbschaft des mit hundert barbarischen Gottheiten übervölkerten Olympes an und verstiess seine Bewohner in das Zwischenreich der Teufel und Gespenster. Aber es begnügte sich nicht mit solcher Reinigung des Tempels. Dem Judenthum entsprossen, welches weder Kunst noch Wissenschaft kannte, sondern auch schon in einseitiger Werthschätzung ethischer Strebungen aufging, beschränkte der neue Glaube den für den Menschen allein erspriesslichen Ideenkreis auf die Kategorien von Gut und Böse und auf das Verhältniss des sündigen Geschöpfes zu Gott. Im Gegensatz zu dem an sinnlicher Uebersättigung krankenden Heidenthume lehrte es seine Bekenner mit entsagender Verachtung auf das irdische Dasein blicken und in steter Erwartung eines sie selber, ja die Welt bedrohenden Gerichtes zittern. Diese Erde, mit aller ihrer Herrlichkeit, erschien fortan dem Menschen als der an sich seiner Aufmerksamkeit unwürdige Aufenthalt, wo die Seele für einen besseren Zustand sich vorbereiten solle. Diesen Leib, den Vater und Mutter in Liebe uns gaben, die Krone und das Meisterstück der Natur, verschmähte das Christenthum als verwesliche Hülle der allein dem Göttlichen verwandten Seele, ja es hasste ihn als verderblichen Quell der Sündhaftigkeit. Nur zagend durfte der Gläubige die Frucht vom goldenen Lebensbaume brechen. Eheloses Leben hinter Klostermauern, durch Gebet und Bussübungen ausgefüllt, galt für die gottgefälligste Art, die Zeit der Prüfung hienieden zuzubringen; dafür wurden die Auserwählten auf postmortale unendlich lange Seligkeit vertröstet.

Dass diese neue Weltanschauung dem Fortschritt der Naturwissenschaft wenig günstig war, leuchtet von sich selber ein. Doch können wir uns nur schwer einen Begriff machen von der Stellung, welche im christlichen Mittelalter der Menschengeist gegenüber der Natur einnahm. Ein Zug aus Francesco Petrarca's Leben ist geeignet, diese Stellung zu veranschaulichen.

Petrarca, in welchem die Erinnerungen des classischen Alterthums wach geworden waren und in wunderlichem Gemische mit den Lehren seiner Zeit lebten, hatte von Avignon aus den Mont-Ventoux, den vom Mistral gepeitschten letzten Ausläufer der Seealpen, täglich vor Augen. Längst wünschte er auf seinem Gipfel zu stehen. Livius' Erzählung, dass Philipp von Macedonien (der Römerfeind) den Haemos in Thracien[32] bestieg, um Adria und Pontus zugleich zu sehen, stachelte vollends seine Begier. Endlich, am 26. April 1336, wird der Plan ausgeführt, und beim schönsten Wetter freuen sich Petrarca und sein jüngerer Bruder Gherardo des weiten Umblicks. Die Wolken unter ihm beweisen ihm die Möglichkeit dessen, was er vom Athos und Olymp oft ungläubig las. Die ferne Alpenkette erinnert ihn an Hannibal, und jenseit erspäht er, mit geistigem mehr als leiblichem Auge, das Land seiner Sehnsucht, Italien. Da aber fühlt er, wie die ihn fesselnde Kette schmerzend sich spannt: das Bild seiner geheimnissvollen Dame dort unten in Avignon, die er vor fast genau neun Jahren, am 6. April 1327, zuerst erblickte, steigt in ihm auf. Man kann nicht sagen, dass der Ovidische Vers, den er auf den Zustand seines Herzens anwendet:

> Vermag ich es, dich hassen will ich;
> Wo nicht, lieb' ich dich widerwillig,[33]

von übermässiger Wärme der Empfindung zeugt. Die Pracht des ihn umgebenden Schauspieles, die Rhone zu seinen Füssen, in der Ferne der blitzende Spiegel des Mittelmeeres zwischen Marseille und Aigues-Mortes geben ihn der Wirklichkeit zurück. Während er diesen Eindrücken sich überlässt, kommt ihm in den Sinn, ein kleines Exemplar der Bekenntnisse des heiligen Augustinus, das ihn nie verliess, nach Art eines Orakelbuches aufzuschlagen; und was liest er? „Die Menschen gehen zu bewundern der Berge Höhen, und des Meeres gewaltige Fluthen, und den weiten Lauf der Ströme, und den Umkreis des Oceans, und die Bahnen der Gestirne, und sie vergessen sich selber".[34] Im Zusammenhang ist die Stelle nicht asketisch gemeint, sondern sie findet sich in einer erkenntnisstheoretischen Erörterung über das Gedächtniss, welche dem mystischen Bischof von Hippo alle Ehre macht. Petrarca aber sieht in jenen, auf seine augenblickliche Lage so genau passenden Worten einen unmittelbaren Fingerzeig Gottes. Voll Scham und Reue, ohne ein Wort mehr über die Lippen zu bringen, steigt er vom Berge herab, und schreibt noch an demselben Abend seinem Beichtvater DIONIGI DE' ROBERTI den wehmüthigen Brief, dem unsere Erzählung entlehnt ist.[35] Der Aermste hat einen Augenblick, seines Seelenheiles uneingedenk, dem unschuldigsten Genuss sich hingegeben: statt düster in sein Inneres sich zu versenken, hinaus in die lockende Sinnenwelt geschaut. So seelenkrank war damals die abendländische Menschheit, dass dies genügte, um einen gewissenhaften, fein fühlenden, nicht sehr kräftig denkenden Mann wie PETRARCA in den schmerzlichsten Widerspruch mit sich selber zu versetzen.

Zum Glück zeigt das Decamerone, dass nicht Alle so zart besaitet waren. In der Göttlichen Komödie aber sehen wir seltsamerweise eine Dichterphantasie von grösster Gestaltungskraft, mit den naturwissenschaftlichen Kenntnissen ihrer Zeit ausgerüstet,[36] die asketische Weltanschauung in ein so scharf vorgestelltes realistisches Gewand kleiden, dass nach Anleitung des Inferno König JOHANN VON SACHSEN einen topographischen Plan der Hölle entwerfen konnte,[37] gleich als wäre nicht ein Dichter, sondern ein reisender Naturforscher, etwa LEOPOLD VON BUCH, von VERGIL geführt worden.

Nicht bloss indem es die Erscheinungswelt in der Schätzung der Menschen herabsetzte, lenkte in dieser traurigen Periode das Christenthum die Geister von der Betrachtung der Natur ab, sondern auch durch Aufstellen eigener, bisher unerhörter Ziele. In selbstgeschaffener Finsterniss zerrieb sich der menschliche Verstand an solchen Aufgaben, dass man ihm zurufen möchte wie Romeo dem Mercutio: „Still, o still, du sprichst von einem Nichts". An Unterscheidung des Sinnlosen vom Unsinnigen wandten die besten Köpfe jener Zeit unbegrenzte Mühe und haarspaltenden Scharfsinn. Wie eine Pflanze im Dunkeln wuchs die alte Weltweisheit zu kümmerlich lichtsuchenden, kraft- und farblosen Trieben nach ihren beiden Hauptrichtungen aus: der Platonismus zur schwärmerischen Gnose, der Aristotelismus zur unfruchtbaren Scholastik. Die Scholastik behauptete am längsten das Feld, und das *scholastisch-asketische*

Zeitalter wird stets ein warnendes Beispiel bleiben, wohin, abgelöst vom Wirklichen, ohne die Offenbarung der Natur, der sich selber überlassene menschliche Geist sich verirren kann.

V. Der Ursprung der neueren Naturwissenschaft.

Weil in dem von PETRARCA und BOCCACCIO wiederbelebten Studium der Alten die Menschheit aus dieser Verirrung sich wiederfand, nennt man die nun folgende Entwickelungsphase die des Humanismus. In den staubigen Codices eröffnete sich dem wie aus wirren Träumen erwachten Geist des christlichen Abendlandes der Blick in die freie, heitere Heidenwelt, und kaum seinen Augen trauend lernte er erkennen, in einen wie kläglich beengten Vorstellungskreis er unbegreiflicherweise ein Jahrtausend lang sich hatte bannen lassen. Nun ergoss sich ein Strom verjüngter Gedanken durch Schulen, Schlösser, Städte, ja Klöster, und spülte mit steigender Gewalt den stockenden Wust mittelalterlicher Wahnvorstellungen aus. Mit den Ideen der Alten entstiegen dem Grab ihre Kunstwerke; dem neuerweckten antiken Geist entsprach die neugeborene schöne Form, und überraschend schnell erschloss sich die Kunst zu jener nicht wieder gelungenen Blüthe, die zur hellenischen Kunstblüthe sich verhält, wie zu einer vollkommen schönen, aber geruchlosen, eine vielleicht nicht ganz so rein geformte, aber himmlisch duftende Blume.

Diese Auferstehung des menschlichen Geistes, mit ihren natürlichen Folgen, Reformation der Kirche und Erneuerung der Philosophie und der übrigen Geisteswissenschaften, wurde schon oft und eingehend geschildert. Meist jedoch blieb dabei ein Zug unbeachtet, der nicht so leicht abzuleiten ist. Naturwissenschaft in unserem Sinne mussten wir den Alten absprechen. Ist es nun nicht eines der grössten Räthsel, dass die Wiederbelebung der classischen Studien es war, welche auch zur Entwickelung der neueren Naturwissenschaft den Anstoss gab? Dass die Alten, welche selber nicht naturwissenschaftlich zu denken, nicht zu experimentiren, ja nicht zu beobachten wussten, durch ihre Lehren und Gedanken jetzt ein Geschlecht erzogen, in welchem diese Fähigkeiten mit der Sicherheit eines Naturtriebes stetig und unaufhaltsam sich entfalteten: ein Geschlecht, das zu den Vätern seiner Bildung sich verhielt, wie zur Gluckhenne Entenbrut? Woher bei den neueren Culturvölkern der siegreiche Durchbruch des Causalitätstriebes, der bei den Alten nur in unbestimmten Regungen halb spielend sich äusserte? Sollte bei Kelten und Germanen, welche bald mit den lateinischen Völkern um die Wette an der wiederaufgenommenen Gedankenarbeit der Menschheit sich betheiligten, dieser Trieb vermöge ursprünglicher Anlage stärker sein, als bei Griechen und Römern, und war vielleicht in den Adern des Jünglings, der während des Messopfers im Dom des BUSCHETTO die Isochronie der Pendelschwingungen entdeckte, keltisches oder germanisches Blut tuskischem Blute beigesellt?

Die grössere Zurückgezogenheit, das Insichgekehrtsein nordischen Lebens, die stille Musse der Klöster, die Bedürfnisse eines rauheren Himmelsstriches werden als Umstände angeführt, welche die neueren Culturvölker auf die Bahn tiefer Nachforschung und schaffender Technik lenkten. Verfolgt man aber die Geschichte der neueren Naturwissenschaft rückwärts, so führen zuletzt viele Fäden in die Laboratorien der Alchemisten und auf die Warten der Sterndeuter, und hier tritt uns bekanntlich arabische Weisheit als neues Culturelement entgegen.

Während unter dem Zeichen des Kreuzes die Nacht der Barbarei das Abendland drückte, hatte im Morgenland unter der grünen Fahne des Propheten eine eigenartige Cultur sich entwickelt,[38] welche nicht allein die Errungenschaften der classischen Völker in Mathematik, Astronomie und Medicin lebendig erhielt, sondern auch selber in diesen Wissenschaften Bedeutendes leistete. Durch Kreuzfahrer und spanische Mauren hatte diese Cultur auf die europäischen Völker vielfach zurückgewirkt, und es liegt nahe, hierin den Quell der neuen Gedanken zu suchen, welche der durch die Schriften der Alten wiedererweckte Geist des Abendlandes aus diesen Schriften nicht geschöpft haben konnte. Nur fragt sich, woher im Vergleiche zu Griechen und Römern den Arabern wissenschaftlichere Naturauffassung, stärkerer Causalitätstrieb kam? War dieser geistreiche Stamm für Beobachtung und Erforschung des Wirklichen besonders begabt? Dies stimmt nicht mit dem, was wir sonst von semitischer Geistesrichtung wissen, welche mehr zu dialektischer Gedankenzergliederung, phantastischer Erfindung und speculativer Betrachtung neigt.

Für die vorübergehende Blüthe der Naturwissenschaft unter dem Einflusse des Islâm, wie für ihre Entwickelung im christlichen Abendlande, sobald einmal der Bann der scholastischen Theologie gebrochen war, lässt sich aber mit einiger Wahrscheinlichkeit ein tieferer, beide Erscheinungen umfassender Grund angeben. Allerdings liegt dieser zuletzt in einer völkerpsychologischen Besonderheit der semitischen Rasse. Nämlich nicht bloss unmittelbar, durch die Leistungen ihres arabischen Zweiges, betheiligte sich diese Rasse an der Schöpfung der neueren Naturwissenschaft, sondern auch mittelbar dadurch, dass von ihr die monotheistischen Religionen ausgingen. Die neuere Naturwissenschaft, wie paradox dies klinge, verdankt ihren Ursprung dem Christenthum.

Zwischen Polytheismus und Monotheismus besteht der Unterschied, dass ersterer grundsätzlich duldsam, letzterer grundsätzlich unduldsam ist. Sokrates fiel anscheinend als Opfer religiösen Eifers, doch trugen politische Beweggründe und sein schroffes Benehmen vor seinen Richtern bekanntlich am meisten zu seiner Verurtheilung bei.[39] Zur Zeit der Apostelgeschichte beteten die Athener, damit keiner zu kurz komme, sogar zu unbekannten Göttern. Das römische Pantheon nahm alle Götter auf, auch die der überwundenen Völker. Die Christen wurden von den römischen Kaisern verfolgt, nur weil sie für staatsgefährlich galten. Judenthum, Christenthum und Islâm wähnten sich dagegen alle drei im Besitze des allein seligmachenden Glaubens. Der Begriff einer absoluten Wahrheit gelangte eigentlich erst durch sie in die Welt. Wie Griechen und Römer neben ihren angestammten Gottheiten gern beliebige andere Götter anerkannten, und für die semitische Parabel von den drei Ringen bei ihnen kein Boden gewesen wäre, so kam es ihnen auch auf die wissenschaftliche Wahrheit so genau nicht an. Ihrem unentwickelten Causalitätstriebe genügte es, über die Ursache einer Erscheinung irgend welche hübsch ausgedachte und anzuhörende Meinung hinzustellen; das Forschen nach den letzten Gründen bestand ihnen eigentlich nur in anmuthigem Hin- und Herreden über das augenblicklich annehmbar Dünkende. „Was ist Wahrheit?“ spöttelte der vornehme Römer. „Ich bin in die Welt gekommen, dass ich die Wahrheit zeugen soll“, sprach Jesus, und liess sich an das Kreuz schlagen.

Die Idee eines Gottes, der keine anderen Götter neben sich duldet, der nicht als menschliche, von unwürdigen Fabeln umwobene Erfindung, sondern als höchstes, unbedingtes Wesen erscheint, der alle ethischen Strebungen des Menschen auf sich bezieht und mit unfehlbarer Allwissenheit jede Uebertretung ahndet: diese Gottesidee, Jahrhunderte lang von Geschlecht um Geschlecht gehegt, gewöhnte auch in der Wissenschaft den menschlichen Geist an die Vorstellung, dass überall der Grund der Dinge nur einer sei, und entzündete in ihm den Wunsch, diesen Grund zu erkennen. Das Faustische: „Du musst, du musst, und kostet' es mein Leben!“ war dem Alterthume fremd. Der furchtbare Ernst einer Religion, welche für sich allein alles Wissen beanspruchte, welche ihren Widersachern mit ewiger Pein im Jenseit drohte, und sich für berechtigt hielt, schon diesseit die schrecklichsten Strafen über sie zu verhängen, ertheilte im Laufe der Zeiten der Menschheit jenen schwermüthigen, in die Tiefe gehenden Zug, der sie zu mühsamer Forscherarbeit freilich geschickter machte, als des Heidenthums leichtsinnige Lebelust. Wo so viel Blutzeugen lehrten, wie man für seinen Glauben sterbe, konnte es auch an solchen nicht fehlen, die bereit waren, für ihr Wissen in entsagender Hingebung zu leben und, wenn es sein musste, dafür in den Tod zu gehen. Indem es der Menschenbrust das heisse Streben nach unbedingter Erkenntniss einflösste, vergütete das Christenthum der Naturwissenschaft, was es durch die Askese lange an ihr verschuldet hatte.

VI. Das technisch-inductive Zeitalter.

Noch aber war ein weiter Weg zurückzulegen, ehe auch nur die Schwelle des Wahrheitstempels betreten wurde. Nichts ist geeigneter, die Speculation zu demüthigen, die in Deutschland immer wieder das Haupt erhebt, als der Anblick der ersten strauchelnden Schritte, welche die endlich erwachte Naturwissenschaft ihren Zielen entgegen that. Wäre mit Speculation Etwas auszurichten, so sollte man meinen, dies müsste noch am ehsten auf einem unserem Verständniss vergleichsweise so zugänglichen Felde gelingen, wie dem der Bewegungsgesetze. Aber so wenig wie später KANT *a priori* auf die Erhaltung der Kraft kam,[40] so wenig glückte es jetzt Geistern ersten Ranges, *a priori* die einfachsten Wahrheiten der Mechanik zu finden; Wahrheiten, die der europäischen Culturmenschheit seitdem so in Fleisch und Blut übergingen, dass Nativisten versucht sein könnten, sie den angeborenen Vorstellungen beizuzählen. Es erscheint uns unbegreiflich, dass einst das tiefste Nachdenken dazu gehörte, die sogenannte Trägheit der Materie, oder das erste Gesetz der Bewegung zu entdecken, wonach die Bewegung eines Körpers ohne äussere Ursache sich nicht ändert; dass bis zur Zeit, von der wir reden, Niemand sich klar gemacht hatte, warum eine rollende Kugel zuletzt still steht. Auch GALILEI glaubte anfänglich noch, dass ein Körper, z. B. Wasser, im Kreise sich bewegen könne, ohne durch eine äussere Ursache in dieser Bahn festgehalten zu werden.[41] Vollends KEPLER hatte keinen klaren Begriff von den Bewegungsgesetzen, sondern stand so ziemlich auf pythagoräischem Standpunkt. Erwägt man aber, dass, abgesehen von ARCHIMEDES, dessen Lehren nicht verstanden oder gleich wieder vergessen wurden, die Menschheit hier seit zwei Jahrtausenden nicht aus der Stelle gekommen war, so kann man nur staunen über die Schnelligkeit der jetzt folgenden Entwickelung, und man erkennt darin das Wirken jenes neuen, durch den Monotheismus in den Culturvölkern geweckten Sinnes. Kaum hatte der menschliche Geist, der Schaukelwelle der Speculation und dem *Mare tenebrosum* der scholastischen Theologie entronnen, einen Fuss auf das Gestade der inductiven Naturforschung gesetzt, so durchflog er im Triumph eine Bahn, welche mit Einem Schwunge ihn der Idee nach auf die höchste ihm beschiedene Höhe trug: denn nur funfzig Jahre trennen GALILEI's *Discorsi*[42] von dem Erscheinen der NEWTON'schen *Principia* und von der

Formulirung der Erhaltung der Kraft durch Leibniz in demselben Jahre 1686.

So stieg in rascher Folge der geographischen, astronomischen, physikalischen, chemischen Entdeckungen endlich das Zeitalter herauf, in dessen Segnungen wir leben. Wir nennen es das *technisch-inductive*, weil seine Erfolge darin wurzeln, dass in der Naturwissenschaft der Speculation obgesiegt hat die Induction, die *μέθοδος ἐπακτική*, die Methode des Daraufsichführenlassens; von der es so schwer hält, den Aussenstehenden als von einer besonderen Methode eine Vorstellung zu geben, indem sie genau genommen nichts ist, als der auf die jedesmalige Aufgabe angewendete gesunde Menschenverstand.

Diese neue Gestaltung des Lebens der Menschheit zu verfolgen, ist so tröstlich und erhebend, wie es schmerzlich und niederdrückend war, ihrer Knechtung durch die Geschöpfe ihrer Einbildungskraft während der „finsteren Zeiten" beizuwohnen. Ja wer könnte es leugnen: wenn man die ganze Menschengeschichte im Geist an sich vorbeigehen lässt, bietet sich mit Ausnahme der hellenischen Blüthe, die so vergänglich war, wie das Schöne zu sein pflegt, kein edleres Schauspiel als das, welches nun sich zu entrollen beginnt und noch unter unseren Augen täglich reicher sich entfaltet.

Da erblicken wir eine ganz andere Weltgeschichte, als die, welche gewöhnlich diesen Namen trägt, und uns von nichts erzählt, als von Steigen und Fallen der Könige und Reiche, von Verträgen und Erbstreitigkeiten, von Kriegen und Eroberungen, von Schlachten und Belagerungen, von Aufständen und Parteikämpfen, von Städteverwüstungen und Völkerhetzen, von Morden und Hinrichtungen, von Palastverschwörungen und Priesterränken; welche uns nichts zeigt als im Kampf Aller gegen Alle das trübe Durcheinanderwogen von Ehrgeiz, Habsucht und Sinnlichkeit, von Gewalt, Verrath und Rache, von Trug, Aberglauben und Heuchelei. Nur in langen Zwischenräumen wird dies düstere Gemälde erhellt durch ein wohlthuendes Bild echter Herrschergrösse und friedlichen Gedeihens, öfter durch herzerhebende Züge eines nur leider meist vergeblichen Heldenmuthes. Denn wohin führt zuletzt dieser Weg durch Bäche von Thränen und durch ein Meer von Blut? Ist in der bürgerlichen Geschichte, durch die in ihr selber waltenden Kräfte, ein stetiger Fortschritt ersichtlich? Werden die Könige weiser, gemässigter die Völker? Scheint nicht vielmehr die Geschichte nur da, damit man aus ihr lerne, dass man aus ihr nichts lernt? Erstieg bis zur neueren Zeit die Menschheit in sicherer Folge höhere Stufen der Freiheit, Sittlichkeit, Macht, Kunst, des Wohlstandes und Wissens? Ist es nicht vielmehr eine Sisyphosarbeit, die jene Geschichte uns zeigt, und liegt nicht schon im Begriff einer Culturperiode, dass sie dem Untergang geweiht ist?

Und doch gab es, bis vor nicht gar langer Zeit, nur diese Art der Geschichte; ja die Menge wird nie eine andere kennen. Das ungeheure Schicksalsspiel, in welchem um Güter gewürfelt wird, deren Werth Jeder begreift, und das dabei sich enthüllende Gewühl der Leidenschaften, dies vom Genius der Menschheit selber gedichtete und von ihr aufgeführte Drama ist nicht allein voll der tiefsten, wenn auch selten befolgten Lehren, es zieht auch das unbefangene Gemüth unwiderstehlich an.

Aber man stelle sich einen Augenblick den unendlichen Raum vor, und im unendlichen Raume vertheilt Nebel chaotischer Materie, Sternhaufen, Sonnensysteme; man denke sich, als verschwindenden Punkt in dieser Unendlichkeit, unsere Sonne in unbekannte Himmelsräume stürzend, um sie her die Planeten, jeden in seiner Bahn rollend, den Riesenball Jupiter mit seinen Monden, mit seinen Ringen Saturn. Wieder als Punkt in diesem Systeme denke man sich unsere Erde, mit Sternschnuppen-Geschwindigkeit durch den Weltraum stürmend und von Nacht zu Tag, von Tag zu Nacht um ihre Axe sich wälzend, „Fels und Meer fortgerissen in ewig schnellem Sphärenlauf". Man vertiefe sich in Gedanken in ihr feuriges Innere, man lasse ihr Werden in grossen Zügen an sich vorübergehen. Nach unermesslichen Zeiträumen ist an ihrer Oberfläche Lavagluth bewohnbaren Zuständen gewichen, Reihen um Reihen von Lebendigen lösen einander ab, endlich im

Dämmerschein der Sage, neuerlich erhellt durch die prähistorischen Funde, beginnt die Kunde unseres Geschlechts.

Wir wollen diese der anthropocentrischen entgegengesetzte Art, die Vorgänge auf Erden zu betrachten, *archimedische Perspective* nennen, weil wir dabei geistig einen Standpunkt ausserhalb der Erde wählen, wie Archimedes materiell einen verlangte, um die Erde zu bewegen.

Wie armselig und unbedeutend erscheinen so gesehen die irdischen Dinge! Wie kleinlich alle jene Ereignisse, denen wir gewöhnt sind, solche Wichtigkeit beizulegen, dass wir sie unter dem stolzen Namen Weltgeschichte zusammenfassen, da sie doch nichts sind, als zur einen Hälfte die Kriegsgeschichte, zur anderen die Geschichte der Wahnvorstellungen einiger Culturvölker! Wie eitel und thöricht die Kämpfe um einen Fetzen Land, um blutige Lorbern! Inmitten des erhabenen Schauspieles des Weltalls, welches uns vor Augen steht, möchte man nicht dem endlos um armselige Scheingüter hadernden Geschlechte Versöhnung und Eintracht zuherrschen? Und nun vollends, wie seltsam nehmen sich aus archimedischer Perspective die Fieberträume der Menschheit von einem Aufenthalt höherer Wesen dort oben irgendwo im eisigen, äthererfüllten, kraftdurchzitterten, meteoritendurchschossenen Weltraum aus! Wie gänzlich wahnsinnig ihr Beginnen, wenn eine Versammlung der ernstesten, gelehrtesten, tiefstdenkenden Männer ihrer Zeit über Wesensgleichheit oder Wesensähnlichkeit von Vater und Sohn zu Rathe sitzt! Wie lächerlich, wäre sie nicht so tragisch, die Scene von GALILEI's Abschwörung, wenn man ihn und seine Richter „im ewig schnellen Sphärenlauf“ mit fortgerissen sich denkt! Aber ach, wie doppelt grässlich eine Bluthochzeit, jene 'Glaubenshandlungen', deren Scheusslichkeit in MICHAEL SERVET's und GIORDANO BRUNO's Scheiterhaufen gipfelt! Für die Gegenstände der Verehrung, welchen diese Hekatomben gebracht wurden, zeigt sich vom archimedischen Standpunkt aus kein Platz im unendlichen Raum, und sie werden wohl in die vierte Dimension zu verweisen sein.

Wahrlich, in dieser sogenannten Weltgeschichte giebt es

nur Eine Leuchte, welche aber bisher nicht oft hineingetragen wurde, das ist die Lehre von den Völkerpsychosen. Wie bei Geisteskrankheiten der Einzelnen, hält es auch hier schwer, die Grenze zu ziehen zwischen Verrücktheit und Bosheit. Der kleinen Schaar aber, die von geistiger Klippe aus das Treiben hienieden archimedisch beschaut, ist nicht zu verdenken, wenn als wahre Geschichte des Menschengeschlechtes ihr die erscheint, welche neben allen jenen Wechselfällen, Greueln und Verirrungen uns seine allmähliche Erhebung aus halber Thierheit, seinen Fortschritt in Künsten und Wissenschaften, seine wachsende Herrschaft über die Natur, seinen täglich sich mehrenden Wohlstand, seine Befreiung aus den Fesseln des Aberglaubens, mit einem Worte, seine stetige Annäherung an die Ziele vorführt, welche den Menschen zum Menschen machen. In Staatenbildung und Kriegführung, deren unerspriesslich einförmigen Wellenschlag die bürgerliche Geschichte spiegelt, hat die Menschheit noch Vorbilder in der wirbellosen Thierwelt; eine Culturgeschichte weist nur sie auf. Pferd und Eisen nennt Hegel die „absoluten Organe, wodurch eine gegründete Macht herbeizuführen ist“.[43] Wir sagen, Naturwissenschaft ist das absolute Organ der Cultur, und die Geschichte der Naturwissenschaft die eigentliche Geschichte der Menschheit.

Je winziger vom archimedischen Standpunkt das Menschengeschlecht sich ausnimmt, um so grossartiger erscheinen nun seine Leistungen der Natur gegenüber, um so würdiger sein Streben in ihrem Dienst, um so anziehender die Geschichte seiner geistigen Eroberungszüge. Wie diese Geschichte andere Gedenktage und andere heilige Stätten hat als die bürgerliche Geschichte, so sind freilich auch ihre Könige und Helden andere als die, welchen die Welt gewohnt ist, ihre gedankenlosen Huldigungen darzubringen. Wer ist's, der in dieser Geschichte um den Anfang des achtzehnten Jahrhunderts den Blick fesselt? Nicht, umgeben von seinen Beichtvätern, Kebsinnen und mordbrennerischen Marschällen, der König, gegen welchen nach Ranke's Wort an Thiers wir noch nach Sedan die Waffen trugen, sondern unter den Ulmen von Cambridge einem Problem nachsinnend der grösste der Sterblichen, Sir

Isaac Newton. Wer um den Anfang dieses Jahrhunderts? Nicht, auf den Trümmern von Moskau, der unbändige Mann, der als Werkzeug seiner rasenden Selbstsucht den Chauvinismus erfand, sondern in seiner Villa am Comersee Alessandro Volta, das künstliche elektrische Organ zusammenfügend, welches dem Menschen gleichsam Allgegenwart verlieh, oder vor seinem kohlegeschwärzten Häuschen zu Killingworth, das Modell der Eisenbahnlocomotive in Gang setzend, der andere Raumüberwinder, George Stephenson.

Es wäre eine schöne Aufgabe, den Umschwung zu schildern, den im Laufe der letzten Jahrhunderte die Naturwissenschaft im Zustand der Menschheit friedlich bewirkte. Wie sie von unseren Häuptern die beklemmende Decke eines körperlichen Firmamentes hob, so hat sie uns geistig befreit. Für Jeden, der ihrer Lehre horcht, hat sie den Sehnsuchtslaut des Dichters wahrgemacht, mit welchem er aus dem höfischen Gedränge in Octavian's Vorzimmern, von der Höhe weltgeschichtlichen Glanzes, des fest in sich ruhenden Jüngers des Epikur's gedenkt:

> Selig, wem es vergönnt, der Dinge Gründe zu kennen,
> Welcher jegliche Furcht und das unerbittliche Schicksal
> Sich zu Füssen gelegt, und des gierigen Acheron's Toben!

An die Stelle des Wunders setzte die Naturwissenschaft das Gesetz. Wie vor dem anbrechenden Tag erblichen vor ihr Geister und Gespenster. Sie brach die Herrschaft alterheiliger Lüge. Sie löschte die Scheiterhaufen der Hexen und Ketzer. Der historischen Kritik drückte sie die Schneide in die Hand. Aber auch den Uebermuth der Speculation hat sie gezügelt. Sie hat die Grenzen des Erkennens aufgedeckt und ihre Jünger gelehrt, schwindelfrei vom luftigen Gipfel souveräner Skepsis herabzublicken. Wie leicht und frei athmet sich's dort oben! Wie kaum hörbar dringt zum geistigen Ohr aus der heissen Niederung das Gesumme des gemeinen Menschengewühls, die Klage gekränkten Ehrgeizes, der Schlachtruf der Völker! Gleich der anthropocentrischen, hat die Naturwissenschaft der europocentrischen Anschauung ein Ende gemacht. Wie sie den Ghetto öffnete, sprengte sie die Fesseln des schwarzen

Menschen. Wie anders hat sie die Welt erobert, als einst Alexander und das Römervolk! Ist die Literatur das wahre intranationale, so ist Naturwissenschaft das wahre internationale Band der Völker. VOLTAIRE konnte SHAKSPEARE abscheulich finden, vor NEWTON beugte er sich. Der Sieg der naturwissenschaftlichen Anschauung wird späten Zeiten als eben solcher Abschnitt in der Entwickelung der Menschheit erscheinen, wie uns der Sieg des Monotheismus vor achtzehnhundert Jahren. Es kommt nicht darauf an, dass die Völker für diese Religionsform nie reifen werden; denn haben sie je das Ideal des Christenthumes verwirklicht?

Ueberlegt man sich, wo zuerst in der Literatur man auf diese Anschauungsweise stösst, so lautet die Antwort: bei VOLTAIRE. Die von DAVID FRIEDRICH STRAUSS nicht hinlänglich gewürdigte geistige Besonderheit VOLTAIRE's, nämlich die naturwissenschaftliche Denkart, welche er aus England mitbrachte und in Cirey ausbildete, befähigte ihn, den Unterschied zwischen der bis zu ihm allein vorhandenen bürgerlichen Geschichte und der Culturgeschichte lebhaft zu empfinden, und in letzterer das naturwissenschaftliche Moment vor- wie rückwärts schauend mit der ihm eigenen Keckheit und Klarheit hervortreten zu lassen. In hundert seiner Essays, Briefe, philosophischen Novellen springt dieser Grundgedanke an's Licht; aber vermöge der erstaunlichen Gelenkigkeit seines Geistes betrachtet er heute, in der Geschichte CARL's XII., die menschlichen Dinge aus anthropocentrischer, morgen, im Mikromegas, aus archimedischer Perspective.[44]

Im Anschluss an VOLTAIRE entwickelten die Encyklopädisten diese Vorstellungsweise. Noch entschiedener als er wiesen sie auf planmässige Ausbeutung der in ihrem gesetzlichen Wirken durchschauten Naturkräfte hin. Daher jener schon von ROSENKRANZ hervorgehobene[45] technische Zug in DIDEROT, der sich darin mit dem auch geistig gleichsam von der anderen Küste eines Weltmeeres herübergekommenen Vater des Utilitarianismus begegnete, mit BENJAMIN FRANKLIN.

Was sie träumten, ist übertroffen. Schon ward aus dem werkzeugmachenden Thier, als welches wir ihn gleich anfangs trafen, der Mensch zum vernünftigen Thiere, welches mit dem Dampfe reist, mit dem Blitze schreibt, mit dem Sonnenstrahle malt.[46] Die Zurückverwandlung des in den schwarzen Diamanten aufgespeicherten Sonnenlichtes in Arbeit vermillionenfacht seine Kraft. Die sieben Weltwunder des Alterthums, die Römerwerke, verschwinden neben alltäglichen Unternehmungen des heutigen Geschlechtes. Der Umfang des Planeten wird ihm zu enge. Kaum dass dessen Höhen und Tiefen ihm noch ein Geheimniss verbergen. Wohin körperlich zu gelangen dem Menschen versagt bleibt, dahin dringt mittels des Zauberschlüssels der Rechnung sein Geist. In schwärzester Nacht, im wildesten Meere steuert sein Schiff den kürzesten Curs; klug entweicht es aus dem verderblichen Ringe des Tyfoons. Was die Wünschelruthe vorspiegelte, hält die Geologie. Freigebig erbohrt sie Wasser, Salz, Kohle, Steinöl. Noch mehrt sich die Zahl der Metalle, und noch fand Chemie den Stein der Weisen nicht; morgen vielleicht besitzt sie ihn. Einstweilen wetteifert sie mit der organischen Natur in Erzeugung des Nützlichen und Angenehmen. Den schwarzen stinkenden Abfällen der Leuchtgasbereitung, welche jede Stadt in ein Bakù verwandelt, entlehnt sie Farben, vor denen die Pracht tropischen Gefieders erbleicht. Sie bereitet Wohlgerüche ohne Sonne und Blumenbeet. Hätte sie auch Simson's Räthsel nicht gelöst, wer riethe das ihrige, Süsses aus dem Ekelhaften zu machen? Gay-Lussac's erhaltende Kunst hat nicht bloss auf des Reichen Tafel den Unterschied der Jahreszeiten verwischt. Der Giftmischer sieht mit wüthendem Verzagen seine Tücke entlarvt Die Würgengel Pocken, Pest, Scorbut sind gefesselt. Lister's Verband wehrt den schleichmörderischen Sonnenstäubchen den Zutritt zu den Wunden des Kriegers. Das Chloral breitet die Fittige des Schlafgottes über die gequälteste Seele, ja das Chloroform spottet, wenn wir wollen, des biblischen Fluches des Weibes.

So ward des tief in die Zukunft schauenden Bacon's Wort erfüllt: Wissen ist Macht.[47] Alle Völker Europa's, die alte und neue Welt, wetteifern in dieser Bahn. Ein namhafter Kunstkritiker stellte unlängst den Satz auf, das Maass der von der Menschheit zu gegebener Zeit erreichten Höhe sei die Entwickelung der bildenden Künste. Dann hätten also die Zeit von PHIDIAS bis LYSIPP und das Cinquecento die höchste bisher erreichte und schwerlich wiederkehrende Blüthe der Menschheit gesehen; höchstens ein leichtes Aufflackern von Cultur wäre wegen der CORNELIUS'schen Cartons unserer Zeit nicht abzusprechen! Einer einzigen Seite menschlicher Thätigkeit so das Kennzeichen zu entnehmen, wonach die Höhe menschlicher Entwickelung zu messen sei, ist an sich falsch, und schon deshalb jenes Urtheil ebenso unberechtigt, wie z. B. die einseitig ethische Auffassung des Menschen durch das Semitenthum. Giebt es aber ein Merkmal, welches für sich allein den Fortschritt der Menschheit anzeigt, so scheint dies vielmehr der erreichte Grad von Herrschaft über die Natur zu sein. Den zeitlichen Verlauf der Kunst beeinflussen Zufälligkeiten, wie Talent, Geschmack, Wohlstand, Gunst. In Natur-Forschung und -Beherrschung allein giebt es keinen Stillstand, wächst stetig der Besitz, zeugt unablässig weiter die schaffende Kraft. Hier allein steigt sicher jedes neue Geschlecht auf des vorigen Schultern. Hier allein entmuthigt kein *nec plus ultra* den Schüler, drückt ihn keine Auctorität, findet auch Mittelmässigkeit einen ehrenvollen Platz, wenn sie nur emsig und aufrichtig die Wahrheit sucht. Endlich nicht die Kunst schützt die Civilisation vor erneutem Untergange. Die Kunst mit aller ihrer Herrlichkeit würde unter denselben Umständen, wie schon öfter, noch heute hülflos der Barbarei weichen, verliehe nicht die Naturwissenschaft unserem Dasein eine Sicherheit, über deren Ursachen wir gar nicht mehr nachdenken: so sehr sind wir gewöhnt, sie als natürliche Voraussetzung des Lebens der modernen Culturmenschheit anzusehen.

Man kennt MACAULAY's düstere Prophezeiung von dem Touristen aus Neuseeland, der, wenn die Römische Kirche noch in ungeschwächter Kraft bestehe, vielleicht auf einem gesprengten Bogen von London Bridge Platz nehmen werde, um die Trümmer von St. Paul zu skizziren.[48] Bei diesem Phantasiestück hat MACAULAY der pessimistischen Weltansicht gehuldigt, welche den Geschichtsforschern im steten Umgange mit den Wechselfällen der bürgerlichen Geschichte eigen wird. Der grosse Rhetor hat aber bei seinem Ἔσσεται ἦμαρ denselben Fehler begangen, wie gleich darauf bei dem Urtheile, dass die Grundlagen der natürlichen Theologie heut die nämlichen seien wie zu jeder früheren Zeit; dass, beim Philosophiren über die letzten Gründe, ein heutiger Denker nicht besser daran sei als Thales und Simonides; und dass in der Frage nach der Unsterblichkeit der Seele ein gebildeter Europäer, auf menschliche Einsicht beschränkt, d. h. ohne Offenbarung, nicht mehr Anwartschaft habe, das Rechte zu treffen, als ein Schwarzfuss-Indianer. In beiden Fällen hat Macaulay die ihm als Geschichtsschreiber überhaupt, und persönlich, wie es scheint, besonders fern liegende Aenderung in der Lage der Menschheit übersehen, welche die Naturwissenschaft neuerlich bewirkt hat und mit beschleunigter Geschwindigkeit zu bewirken fortfährt. Die moderne Menschheit ward eine andere als die mittelalterliche und antike Menschheit: die Zustände, Einsichten und Aussichten jetzt und damals sind durch das hinzugetretene Moment der Naturwissenschaft unvergleichbar gemacht. Auf dem Boden der Induction und Technik ruht unsere Wissenschaft und Cultur so sicher, wie auf dem Boden der Speculation und Aesthetik schwankend aufgebaut und Einsturz drohend uns vorher antike Wissenschaft und Cultur erschien.

VII. Die der heutigen Cultur drohenden Gefahren.

Was kann der modernen Cultur etwas anhaben? Wo ist der Blitz, der diesen babylonischen Thurm zerschmettert? Man schwindelt bei dem Gedanken, wohin die gegenwärtige Entwickelung in hundert, in tausend, in zehntausend, in hunderttausend und in immer noch mehr Jahren die Menschheit führen werde. Was kann ihr unerreichbar sein? Sollte sie, wie sie maulwurfsähnlich durch Gebirge, unter der See fort Wege bahnt, nicht noch den Vogelflug nachahmen? Sollte sie, wie die Räthsel der Mechanik, nicht noch die Räthsel des Geistes lösen?

Ach, es ist dafür gesorgt, dass die Bäume nicht in den Himmel wachsen. Schwerlich wird die Menschheit je fliegen, und nie wird sie wissen, wie Materie denkt. In diese Schranken sich zu finden ist leichter, als in die ewige Eiszeit, welche die Naturwissenschaft uns unerbittlich als Schlussbild aller menschlichen Dinge zeigt. Sonderbares Geschick, dass, indem sie der Cultur durch Sicherung gegen Barbaren ewige Dauer zu verleihen schien, die Naturwissenschaft diese Hoffnung wieder vereiteln und uns das Vertrauen auf dauernde Bewohnbarkeit der Erde rauben sollte! Ein Tag wird kommen, wo die Menschheit nicht mehr sagen kann:

Und die Sonne Homer's, siehe, sie lächelt auch uns;

ein Tag, wo die Erde nur noch als Eisball träge um die nur noch kirschroth glühende Sonne rollt; ein Tag, wo, wie einst Licht ward, weil das erste Auge sich öffnete, Finsterniss wird, weil das letzte Auge sich schliesst.

Allein von diesem Schicksale trennen die Menschheit noch Millionen Jahre. Ein Jüngling lässt sich durch den Gedanken an die auch seiner wartenden Beschwerden des Alters und den unvermeidlichen Tod nicht in Genuss und Streben beirren. So kümmert uns wenig das unseren unvorstellbar fernen Enkeln angedrohte Verhängniss. Sollen wir uns mehr um die ungleich nähere Gefahr grämen, welche der Cultur in ihrer heutigen Gestalt aus Erschöpfung der Kohlenflöze in berechenbarer Zeit erwachsen wird? Wer die Schwierigkeit versteht, die Kohle durch einen anderen Kraftquell zu ersetzen, kann nicht ohne Bangigkeit unseres frevlen Raubbaues Zeuge sein. Das augenblickliche Verlangen der Industrie ist gewiss nicht leicht zu zügeln, schliesslich „der Lebende hat Recht“, und spätere Geschlechter mögen sehen, wie sie ohne Kohle das Weltmeer befahren; Mittel zu suchen, der besonders in England üblichen Kohlevergeudung zu steuern, wäre indess wohl eine verständigere Aufgabe für das englische Parlament gewesen, als sich in die Methoden der Experimental-Physiologie zu mischen, womit es nichts erreicht hat, als dem Fortschritt der Wissenschaft und seinem eigenen Ansehen zu schaden.[49]

Noch in anderer Art ist die Cultur bedroht. Vor einer neuen Völkerwanderung darf sie sich sicher fühlen; aber im Schooss der grossen Städte, in den Ameisenhaufen der Industrie erzog sie selber ein Geschlecht, welches, verblendet durch wahnwitzige oder verworfene Führer, ihr durch Unwissenheit und Rohheit gefährlicher werden kann, als Hunnen und Vandalen der antiken Civilisation. So schrieb Macaulay, und Macaulay hatte das Jahr 1871 nicht erlebt. Abermals sah er zu schwarz. Naturgemäss bleibt diese Gefahr in Zeit und Raum auf einzelne Punkte beschränkt. Die Cultur im Grossen und Ganzen hat auch von der rothen Internationalen nichts zu fürchten. Sclavenkrieg, Bauernkrieg, das Treiben der Wiedertäufer waren der heutigen verwandte Volksclassenpsychosen. Wie wir auf diese, werden spätere Zeiten auf Junischlacht und Commune zurückblicken und in anderer Erscheinungsweise dieselbe Krankheit bekämpfen.

Die Gefahr, von der hier die Rede sein soll, ist keine den Bestand der Cultur gewaltsam bedrohende, sondern sie liegt in der bedenklichen Form, welcher die Cultur, nach der Richtung ihrer gegenwärtigen Entwickelung zu urtheilen, zustrebt. Sie ist schwer zu bezeichnen, weil tausend kleine Umstände dazu beitragen, in deren Mitte wir leben, und deren Wirkung so allmählich uns beschleicht, dass es einer gewissen Abstraction und geschärfter Beobachtung bedarf, um sich ihrer bewusst zu werden. Diese Gefahr wurde übrigens schon oft mit Besorgniss angezeigt, ja man pflegt die Sachlage, aus der sie hervorgeht, sehr allgemein als Krankheit unserer Zeit zu beschreiben, ohne sich immer klare Rechenschaft davon zu geben, dass es um einen nothwendigen Folgezustand aus dem Gange der Culturgeschichte sich handelt, wie wir im Vorigen ihn erkannten.

Einseitig betrieben, verengt Naturwissenschaft, gleich jeder anderen so geübten Thätigkeit, den Gesichtskreis. Die Naturwissenschaft beschränkt dabei den Blick auf das Nächstliegende, Handgreifliche, aus unmittelbarer Sinneswahrnehmung mit scheinbar unbedingter Gewissheit sich Ergebende. Sie lenkt den Geist ab von allgemeineren, minder sicheren Betrachtungen und entwöhnt ihn davon, im Reiche des quantitativ Unbestimmbaren sich zu bewegen. In gewissem Sinne preisen wir dies an ihr als unschätzbaren Vorzug; aber wo sie ausschliessend herrscht, verarmt, wie nicht zu verkennen, leicht der Geist an

Ideen, die Phantasie an Bildern, die Seele an Empfindung, und das Ergebniss ist eine enge, trockene und harte, von Musen und Grazien verlassene Sinnesart. Der Naturwissenschaft ist ferner eigen, dass sie einerseits zu den höchsten Strebungen des Menschengeistes in Beziehung steht, andererseits durch eine Reihe unmerklicher Abstufungen in handwerksmässiges, nur auf Erwerb gerichtetes Thun überführt. Bei den täglich sich steigernden Ansprüchen an das Leben kann stetige Abweichung im letzteren Sinne nicht ausbleiben. Die technische Seite der naturwissenschaftlichen Thätigkeit tritt unvermerkt immer weiter in den Vordergrund; Geschlecht um Geschlecht sieht sich immer mehr auf Wahrnehmung materieller Interessen hingewiesen. Auch die allgemeine Theilnahme an dem so sehr überschätzten politischen Leben zieht vom Cultus der Idee ab. In der Unruhe, welche sich der gesammten Culturmenschheit bemächtigte, leben die Geister nur noch aus der Hand in den Mund. Wer hat noch Zeit und Lust, in den tiefen Schacht der Wahrheit niederzusteigen, in das Meer des ewig Schönen sich zu versenken? Aus fertigen, von der Wurzel gelösten Ergebnissen, nützlichen, aber dürren Thatsachen, grobsinnlichen Anschauungen baut sich heutige Bildung nur zu oft als unorganisches Stückwerk auf. Wenige kümmert noch die Art, wie die Wahrheit gefunden wurde, der nur im Werden erkennbare Zusammenhang der Dinge, geschweige der Reiz vollendeter Form. Kunst und Literatur sinken herab zu Buhlerinnen des rohen, wechselnden Geschmackes der Menge, den der Hauch der Tagespresse leicht hier- und dorthin lenkt. Wo es nur noch Tagesberühmtheit giebt, hört eine der edelsten Triebfedern der menschlichen Natur, der Gedanke an Nachruhm, zu wirken auf. So versiegt die geistige Production, welche nur in weltvergessener Hingebung und geduldiger Treue Unvergängliches schafft; und, wenn nach FONTENELLE die Industrie die sie belebenden Anstösse vorzüglich der reinen Wissenschaft verdankt,[50] ist sogar sie durch Verhältnisse gefährdet, welche zum Theil ihr Werk sind. Mit einem Wort, der Idealismus erliegt im Kampfe mit dem Realismus, und es kommt das Reich der materiellen Interessen.

Kein Wunder, dass diese Gestaltung der modernen Cultur am deutlichsten in dem Lande sich ausprägt, wo Schöpfung materieller Hülfsquellen und Bewältigung natürlicher Hindernisse lange das erste Gebot des Tages waren, wo eine eingewanderte Bevölkerung in Masse ein neues Leben begann, die zum grossen Theil ihre geistigen Schiffe hinter sich verbrannt hatte, und wo geschichtliche Erinnerungen und literarische Ueberlieferungen am wenigsten die überwiegend der Technik und dem Erwerbe zugewandte Strömung des Volkslebens hemmten. Kein Wunder, dass Amerika die vornehmste Heimstätte des Utilitarianismus ward. Neben Zuständen, wo die ersten Bedingungen der menschlichen Gesellschaft in Frage stehen, springen vornehmlich hier jene Existenzen in's Dasein, deren Reichthum, Ueppigkeit und äusserer Schliff im Gegensatz zu ihrer Unwissenheit, Beschränktheit und inneren Rohheit den Begriff der Neobarbarei erwecken. Im Hinblick auf diese von SEALSFIELD bis BRET HARTE in tausend Bildern uns vorgeführte Seite des amerikanischen Lebens gewöhnte man sich, die gefürchtete Ueberwucherung und Durchdringung der europäischen Cultur mit Realismus und das reissend wachsende Uebergewicht der Technik als *Amerikanisirung* zu bezeichnen. Seitdem wehte das Sternenbanner voran im Kampf für eine Idee, ein Ruhm, den die Tricolore für sich allein beanspruchte, und sich nachher, landsknechtsmässig, für geleistete Kriegsdienste bezahlen liess. Noch ein anderes Sternenbanner darf das Land der Zukunft solcher Verunglimpfung entgegenhalten, das Banner seiner jungen literarischen Ehren, auf welchem jeder Stern ein ruhmgekrönter Name in Wissenschaft, Dichtung oder Geschichtschreibung ist. Dennoch bürgerte sich jener Ausdruck ein, und die nicht amerikanisirten Amerikaner werden wohl nichts dawider haben, dass man sich seiner bediene, da sie meist gern bereit sind, die damit gemeinte schwache Seite in der Erziehung des jungen Riesen zu beklagen.

Aber wie? Sehen wir nicht, indem wir über amerikanische Cultur uns erheben, den Splitter in unseres Bruders Auge, und werden nicht gewahr des Balkens in unserem Auge? Wie steht es mit dem Widerstande, den die im Vergleiche zur amerikanischen so altgesicherte, so festgegründete deutsche Cultur jenen bedrohlichen Strebungen entgegensetzt? Wollen wir uns nicht einer der neuerlich bei uns beliebt gewordenen Selbsttäuschungen hingeben, so müssen wir gestehen, dass wir in der Amerikanisirung schon beunruhigende Fortschritte machten. Deutschland ward einig und stark, und erfüllt ist unser Jugendwunsch, den deutschen Namen wieder geachtet zu sehen auf Land und Meer. Wer mäkelte gern an solchen Errungenschaften? Versetzen wir uns aber in Gedanken zurück in das zerrissene, ohnmächtige, arme, kleinbürgerliche Deutschland unserer Jugend — aus der kalten Pracht der Kaiserstadt zwischen die gedrückten, traulichen Giebel eines wein- und epheu-umrankten mitteldeutschen Städtchens —, fehlt uns da nicht Etwas in der uns glänzend und betäubend umrauschenden Gegenwart? Müssen wir nicht, wie im Schwalbenlied, seufzen: Oh, wie liegt so weit, was mein einst war? Ward nicht vielleicht bei Deutschlands Umgestaltung während des letzten Menschenalters das Kind mit dem Bade verschüttet? Ging nicht mit der unbestimmten Sehnsucht, dem unbefriedigten Streben, dem nagenden Zweifel am eigenen Können dem deutschen Volk auch viel verloren von seiner Begeisterung für Ideale, seinem uneigennützigen Streben nach Wahrheit, seinem stillen und tiefen Gemüthsleben? Traumähnlich entschwunden ist die kurze Blüthe unserer Literatur. Wie Politik und Naturwissenschaft mit ihren harten Wirklichkeiten das anmuthige Geplauder der Pariser Salons zum Schweigen brachten, so haben sie bei uns den Epigonen der classischen und romantischen Heroen übel gebettet. GOETHE selber, wenn er heute jung würde, liesse vermuthlich Götz, Werther und Faust ungeschrieben, und übte lieber im Reichstage die von GALL an ihm diagnosticirte,[51] damals nur an den Vögeln von Malcesine erprobte Volksrednergabe. Bei allem Glanz, in welchem die deutsche Wissenschaft zur Stunde noch strahlt, vermissen wir an dem aufwachsenden Geschlechte schmerzlich die edle Leidenschaft, welche allein für fortgesetzte geistige Grossthaten bürgt. Die in jüngster Zeit wiedererwachte Neigung der Deutschen für philosophische Speculation beweist nur die Wahrheit des *Natur' expelles furca etc.*, und ist nicht geeignet, uns über die sehr allgemein verbreitete und rasch wachsende Gleichgültigkeit der Jugend gegen Alles zu beruhigen, wobei man nicht Wo und Wie sieht, was nichts ein- und nicht vorwärts bringt.

VIII. Die preussische Gymnasialbildung im Kampfe mit der vorschreitenden Amerikanisirung.

Wie ist solcher banausischen Verflachung der Jugend vorzubeugen? Die Antwort scheint leicht und ist schon oft gegeben. Halten wir der die Ideale zergliedernden, was sie nicht in nüchternes Licht zu setzen vermag, verächtlich bei Seite schiebenden, die Geschichte ihrer ergreifenden Macht, die Natur selber des reizenden Schleiers beraubenden Naturwissenschaft das Palladium des Humanismus entgegen. Wie er die Menschheit aus dem Verliesse der scholastischen Theologie errettete, so trete er jetzt in die Schranken wider den neuen Feind harmonischer Cultur. Die von unvergänglichem Zauber umwitterten Menschen- und Göttergestalten des Alterthums, jene Sagen und Geschichten der mittelländischen Völker, in welchen fast alles Schöne und Gute wurzelt, der geistige Umgang mit der hochgestimmten antiken Gesellschaft, die zwar der Naturwissenschaft entbehrte, aus deren Mitte aber bevorzugte Männer zu kaum wieder erreichter Grösse aufstiegen: sie sind es, von deren Einwirkung auf das jugendliche Gemüth am sichersten Heil im Kampfe gegen die mit eisernem Arm heute nur noch locker, bald jedoch enger und enger uns umschnürende Neobarbarei zu hoffen ist. Der Hellenismus halte den Amerikanismus von unseren geistigen Grenzen fern.

Allein kann denn die Jugend mit dem classischen Alterthume noch inniger und dauernder in Berührung gebracht werden, als schon geschieht? Sind nicht hierfür in unseren altbewährten Gymnasien alle Anstalten auf das Sorgfältigste getroffen? Welches andere Land darf sich rühmen, einem so grossen Theile seiner Jugend, auch dem weniger bemittelten, einen so gründlichen classischen Unterricht zu ertheilen? Vortreffliche Universitätsprofessoren besitzen auch andere europäische Nationen: der oft tiefgelehrte, anspruchslose, arbeitsfreudige Oberlehrer ist ein deutscher Typus, auf welchen wir mit Recht stolz sind. Wir stehen nicht nur obenan im classischen Gymnasialunterrichte, sondern nach allem Ermessen auch an der Grenze des Möglichen, und wenn es gegen Sinken des deutschen Idealismus keine andere Hülfe giebt, als auf den Gymnasien noch mehr Latein und Griechisch zu treiben, so ist die Hoffnung, dies Sinken aufzuhalten, nur klein.

Es wird paradox erscheinen, wenn nun hier behauptet wird, dass freilich durch mehr Griechisch und Latein dieser Erfolg kaum zu erzielen sein möchte, vielleicht aber durch etwas weniger. In der That, sollen nicht unsere Gymnasien der Amerikanisirung Vorschub leisten, anstatt ihr entgegenzuarbeiten, so halte ich gewisse Reformen ihres Lehrplanes für dringend geboten.

Die Gymnasialerziehung der deutschen Jugend übt, der Heerverfassung vergleichbar, einen ungeheuren Einfluss auf das deutsche Leben. Das Gymnasium hat es nach und nach zu wahrhaft despotischer Herrschaft über die Familie gebracht. Für jeden gebildeten Bürger, vollends wenn er selber das Gymnasium durchmachte und Söhne auf das Gymnasium zu schicken hat, besteht also Recht und Pflicht, sich um Gymnasialeinrichtungen zu kümmern. Doppelt berechtigt ist er dazu, wenn er, den gelehrten Ständen angehörig, noch sonst Gelegenheit hatte, die Früchte der Gymnasialerziehung zu beobachten. In dieser Lage befinde ich mich. Nicht allein bin ich als Universitätslehrer in steter Berührung mit Studirenden der ersten Semester, und zwar, durch meine öffentlichen Vorlesungen, vielfach auch mit anderen als Medicinern, sondern ich habe auch seit mehr als einem Vierteljahrhundert als Examinator in den medicinischen Staats- und Facultätsprüfungen das Wissen und den Bildungsgrad von etwa dreitausend jungen Männern mehr oder minder genau kennen gelernt, welche zwei bis vier Jahre vorher das Zeugniss der Reife erwarben.

Ich habe aber noch besonderen Anlass, mich über Gymnasialeinrichtungen zu äussern. Im Jahr 1869 wurden Rectoren und Senate der preussischen Universitäten vom vorgeordneten Ministerium zu einem Gutachten über die Frage aufgefordert:

„ob und wie weit die Realschul-Abiturienten zu den Facultätsstudien an den Universitäten zugelassen werden können?“ Als damaligem Rector der Universität zu Berlin fiel die Abfassung des von deren Senat abzugebenden Gutachtens mir zu. Nicht bloss im Auftrage des Senates, sondern mit der Wärme innerer Ueberzeugung sprach ich mich gegen Zulassung der Realschul-Abiturienten aus, und bemühte ich mich auf jede Weise, den durch nichts zu ersetzenden Werth classischer Studien in's Licht zu setzen. Ich hob übrigens schon damals, in Uebereinstimmung mit dem Senat hervor, dass, weil man die Partei des Gymnasiums gegenüber der Realschule nehme, man ersteres keineswegs für vollkommen, d. h. für nicht der Verbesserung im einen oder anderen Punkte fähig und bedürftig halte.[52]

Wenn ich jetzt ein Gutachten über dieselbe Frage in demselben Sinne abzufassen hätte, wäre ich verlegen. Meine Ueberzeugung von der durch classische Bildung ertheilten Ueberlegenheit ist noch die nämliche. Meine Abneigung, die Abiturienten von Realschulen denen von Gymnasien gleichzustellen, ward nicht geringer. Dagegen ward seitdem in mir die Ueberzeugung immer lebhafter, dass die gegenwärtige Gymnasialerziehung keine genügende Vorbildung für das medicinische Studium bietet, während ich mich leider auch zur Meinung bekennen muss, dass sie überhaupt nicht ganz das leistet, was sie sich vorsetzt. Ich könnte daher Fernhaltung der Realschul-Abiturienten wenigstens von den medicinischen Facultätsstudien nicht mehr für gerechtfertigt ansehen, würden nicht gewisse Reformen des Gymnasial-Lehrplanes zugestanden. Da ich einst an hervorragender Stelle eine andere Ansicht verfocht, fühle ich jetzt die Verpflichtung, öffentlich zu erklären, dass ich meine Meinung geändert habe, und die Gründe dafür anzugeben. Sollte bei den bevorstehenden Verhandlungen über das der Landesvertretung dem Vernehmen nach in nächster Zeit vorzulegende Unterrichtsgesetz jenes Gutachten zur Sprache kommen, so wünschte ich für meinen Theil nicht, noch dafür verantwortlich gemacht zu werden. Uebrigens versteht es sich, dass ich hier von einer nach meinen Kräften gründlichen Behandlung des Gegenstandes abstehe, und nur kurz die Richtung andeute, in welcher ich den Lehrplan der Gymnasien umgestaltet sehen möchte.

Ich bedaure, zunächst den Eindruck mittheilen zu müssen, den ich im Laufe der Zeit immer stärker erhalte, dass die humanistische Bildung des mittleren Mediciners bei uns viel zu wünschen übrig lässt. Die Unsicherheit in der lateinischen Formenlehre, die Beschränktheit des lateinischen und griechischen Wortschatzes, die Unfähigkeit, z. B. griechische Kunstausdrücke herzuleiten, sind bei vielen unserer Mediciner wenige Jahre nach bestandener Maturitätsprüfung so gross, dass die dadurch verrathene mangelhafte Schulung zur Zeit der Prüfung wohl nur durch mechanische Abrichtung übertüncht war. Bis zu welchem Grade diese jungen Männer in der Personen-, Gedanken- und Formenwelt des Alterthumes heimisch waren, ob sie das Gefühl der Zusammengehörigkeit mit den Alten und der geistigen Herkunft von ihnen hatten, welches eigentlich den Humanismus ausmacht: das zu beurtheilen bot sich mir natürlich weniger Gelegenheit. Auch vom geschichtlichen Wissen der Mediciner erhielt ich nicht regelmässig Kenntniss. Ihre Gleichgültigkeit gegen allgemeine Begriffe und geschichtliche Herleitung machte es mir aber schwer zu glauben, dass sie mit antikem Geiste getränkt seien und eine gute historische Bildung genossen hätten.

Dazu kommt ein anderer beklagenswerther Umstand. Meist sprachen und schrieben die jungen Leute fehlerhaftes, geschmackloses Deutsch. Wegen der Unsicherheit der deutschen Rechtschreibung, Wort- und Satzbildung ist der Unterricht in der Muttersprache bei uns schwieriger als bei Völkern mit festgestelltem Sprachgebrauch. Allein die jungen Leute hatten gewöhnlich nicht einmal den Begriff, dass man auf Reinheit der Sprache und Aussprache, Gewähltheit des Ausdruckes, Kürze und Schärfe der Rede bedacht sein könne. Man schämt sich als Deutscher solcher Barbarei, wenn man den liebevollen Fleiss kennt, den z. B. Franzosen und Engländer auf Ausbildung in ihrer Muttersprache wenden, deren Regeln zu verletzen ihnen als eine Art von Entweihung erscheint. Dieser Mangel in der Erziehung unserer Studenten hängt mit einem tief gelegenen

Nationalfehler der Deutschen zusammen, dem ich bei anderer Gelegenheit eine Betrachtung gewidmet habe.[53] Um so mehr wäre zu wünschen, dass das Gymnasium ihn erfolgreich bekämpfte. Mit der Vernachlässigung in der Muttersprache geht bei der jetzigen Jugend Hand in Hand eine oft erstaunlich geringe Belesenheit in den deutschen Classikern. Es gab in Deutschland eine Zeit, wo man aus dem ersten Theile des Faust nicht mehr citirte, weil das Citat zu Tode gehetzt war. Gehen wir wirklich einer Zeit entgegen, wo man nicht mehr daraus citiren kann, weil die Anspielung nicht verstanden wird?

Was die mathematische Ausbildung der Mediciner betrifft, so sehe ich davon ab, dass nur wenig Lehrer es dahin bringen, allen ihren Schülern gleichmässig fortzuhelfen. Es giebt offenbar in anderer Beziehung sehr brauchbare Köpfe, denen Mathematik ein Buch mit sieben Siegeln bleibt. Hier richten sich meine Ausstellungen vielmehr auf das für die Prima unserer Gymnasien durch Ueberlieferung und Uebereinkunft festgestellte mathematische Pensum. Dies Pensum heisst in einem officiösen Lehrplane: „Körperliche Geometrie nebst Oberflächen- und Körperberechnung; geometrische und stereometrische Aufgaben. Algebraische Aufgaben, insbesondere unter Anwendung der Algebra auf Geometrie. Unbestimmte Gleichungen; Kettenbrüche; binomischer Lehrsatz". Obschon mit „algebraischen Aufgaben, insbesondere unter Anwendung der Algebra auf Geometrie" analytische Geometrie gemeint sein könnte, ist diese durch eine ältere, aber noch gültige Entscheidung des Ministeriums vom Lehrplan unserer Gymnasien ausgeschlossen, und der mathematische Lehrplan der Realschule erster Ordnung geht hierin über den des Gymnasiums hinaus.[54]

Dies halte ich für einen ernsten Fehler. Das Studium der Mathematik entfaltet seine bildende Kraft vollauf erst mit dem Uebergange von den elementaren Lehren zur analytischen Geometrie. Unstreitig gewöhnt schon einfachste Geometrie und Algebra den Geist an scharfes quantitatives Denken, sowie daran, nur Axiome oder schon Bewiesenes für richtig zu nehmen. Die Darstellung von Functionen in Curven oder Flächen aber eröffnet eine neue Welt von Vorstellungen und lehrt den Gebrauch einer der fruchtbringendsten Methoden, durch welche der menschliche Geist seine eigene Leistungsfähigkeit erhöhte. Was die Erfindung dieser Methode durch VIÈTE und DESCARTES der Menschheit ward, das wird Einführung in sie noch heute jedem für diese Dinge nur einigermaassen Begabten: ein für das Leben epochemachender Lichtblick. Diese Methode wurzelt in den letzten Tiefen menschlicher Erkenntniss und hat dadurch an sich ganz andere Bedeutung, als der sinnreichste, einem besonderen Falle dienende analytische Kunstgriff. Zwar ist Trigonometrie analytische Geometrie; wie sie auf dem Gymnasium getrieben wird, hat sie es, gleich der Stereometrie, wie beider Name sagt, mehr nur mit Ausmessen zu thun, und ihre Anwendung bleibt auf einen gewissen Kreis von Aufgaben beschränkt. Dagegen giebt es zwischen irgend welchen zwei Grössen, deren eine als von der anderen abhängig aufgefasst werden kann, keine noch so verwickelte Beziehung, die nicht durch eine Curve darstellbar wäre, wovon QUETELET lehrreiche Proben giebt, indem er z. B. die Neigung zum Verbrechen, das literarische Talent u. dergl. m. als Function des Alters des Individuums durch Curven darstellt.[55] Diese Art, den Zusammenhang der Dinge sich vorzustellen, ist daher z. B. dem Verwaltungsbeamten, dem Nationalökonomen so dienlich wie dem Physiker und Meteorologen.

Vollends die Medicin kann diese Methode nicht entbehren. In der vom März 1848 gezeichneten Vorrede zu meinen 'Untersuchungen über thierische Elektricität'[56] empfahl ich sie als die Art, Mathematik in der Physiologie anzuwenden, auch wo die Verwickelung zu gross ist, um erfolgreich zu messen, zu wägen, oder die Zeit zu zählen. Ich zuerst legte damals eine Abscissenaxe in den Nerven, während LUDWIG den Blutstrom selber seine Druckschwankungen, HELMHOLTZ den Muskel seine Zusammenziehung in Curven aufzeichnen liessen. Heute giebt es, namentlich durch MAREY's Bemühungen, kaum ein Gebiet der Experimental-Physiologie und -Pathologie, wo nicht die graphische Methode wichtige Aufschlüsse lieferte. Da aber die Mediciner das Gymnasium verlassen haben können, ohne von einem Coordinatensysteme zu hören, muss ich alljährlich, am Anfang meiner Vorlesungen über Physiologie, den Zuhörern erst noch die Grundbegriffe der analytischen Geometrie beibringen.

Aus den Motiven der oben angeführten Entscheidung des Ministeriums, durch welche Kegelschnitte vom Gymnasiallehrplan ausgeschlossen werden, erhellt, dass der Verfasser schwerlich eine Vorstellung von der allgemeinen Bedeutung der von ihm mit dem Bann belegten Lehre hatte, und dass er sie als zu schwer für die Prima ansah. Letzteres ist irrig. Vielmehr giebt es Köpfe, denen, bei tieferer Begabung und mehr philosophischer Anlage, die untergeordnete Art von Aufmerksamkeit abgeht, welche nöthig ist, um z. B. eine weitläufige trigonometrische Rechnung durchzuführen, und denen analytische Geometrie viel leichter wird. Dass analytische Geometrie durch Differential- und Integralrechnung den Weg zu den letzten und höchsten Zielen der Mathematik, also auch zu deren schwierigsten Theilen. bahnt, kann doch nur einen Grund mehr abgeben, schon auf dem Gymnasium damit anzufangen. Um ein gegen mich geäussertes Bedenken nicht unerledigt zu lassen, sei noch erwähnt, dass bei dem glänzenden Zustand, in welchem der mathematische Unterricht auf den deutschen Universitäten schon seit längerer Zeit sich befindet, die augenblicklich in den oberen Classen der Gymnasien angestellten Lehrer der Mathematik dem Unterricht in analytischer Geometrie wohl ausnahmslos gewachsen sind, und die Ermächtigung, sie vorzutragen, sogar freudig begrüssen würden; wie denn auch einige der ersten lebenden Auctoritäten in diesem Gebiet die hier vorgetragene Ansicht theilen. Uebrigens wird in mehreren nicht preussischen Gymnasien analytische Geometrie gelehrt.

Ich rede nicht davon, dass die angehenden Mediciner, welche bei ihrem Studium und nachmals bei Ausübung ihrer Kunst wesentlich auf den Gebrauch ihrer Sinne angewiesen sind, vom Gymnasium hierin nur ausnahmsweise kümmerliche Schulung mitbringen. Ich lasse dies beiseite, weil der Mediciner hier nicht als solcher, sondern nur als Probe des Studirenden im Allgemeinen oder insofern uns angeht, als ich vorzüglich an ihm meine Erfahrungen über die Früchte des Gymnasiums sammelte. Jetzt entsteht die Frage, ob das Gymnasium bei Studirenden anderer Facultäten vielleicht besser sein Ziel erreiche. Bis zu einem gewissen Grade wohl: bei denen, welche später Geisteswissenschaften sich widmen, werden Naturanlage und häusliche Umgebung humanistische Studien oft mehr begünstigen, als bei denen, welche erblicher Realismus Medicin und Naturforschung zutreibt. Uebrigens sind Theologen und Juristen in besserer Lage, um sich ihre humanistische Bildung zu erhalten, als die Mediciner, welche vom ersten Semester an eine Welt von Dingen packt, die mit den classischen Studien höchstens durch Terminologie zusammenhängen. Eben darum ist der bei Medicinern durchschnittlich vorhandene Grad humanistischer Bildung besonders geeignet, zu zeigen, wie weit das Gymnasium im Stande sei, das Ueberhandnehmen des Realismus zu bekämpfen.

Allein auch wenn man die Jünglinge der verschiedensten Richtungen betrachtet, welche Gymnasialbildung erhielten, findet man nicht, dass bei ihnen hinreichend lebhafte Theilnahme für den Inhalt der classischen Studien hinterblieb, um davon Rückwirkung im idealistischen Sinn ernstlich erwarten zu können. Sieht man von den hier nicht in Frage kommenden Philologen ab, so ist die Zahl Derer, welche später einmal einen alten Schriftsteller aufschlagen, verschwindend klein. Statt mit begeisterter Anhänglichkeit, denken die meisten mit Gleichgültigkeit, nicht wenige mit Widerwillen an die Classiker. Sie erinnern sich ihrer nur als der Drillwerkzeuge, an welchen ihnen grammatische Regeln eingeübt wurden; wie Auswendiglernen unbedeutender Jahrzahlen der Begriff ist, der ihnen von Weltgeschichte blieb. Und dazu sassen diese jungen Männer bis zu ihrem achtzehnten, zwanzigsten Jahre dreissig Stunden wöchentlich auf der Schulbank? Dazu trieben sie vorwiegend Latein, Griechisch und Geschichte? Das ist das Ergebniss, um deswillen das Gymnasium das Leben des deutschen Knaben erbarmungslos grau in grau malt?

Dieser Sachlage gegenüber fragt man sich denn doch, ob Alles in Ordnung, ob es nicht an der Zeit sei und der Mühe lohne, einen Reformversuch zu machen. Hier, wie überall, ist es freilich, besonders für Aussenstehende, leichter zu tadeln, als zu sagen, wie dem Fehler abzuhelfen sei. Hier, wie so oft in verwickelten Fragen der Verwaltung und des menschlichen Lebens überhaupt, gilt der Satz von den vielen Ursachen. Man trifft die eine, und zehn andere nicht minder wirksame entschlüpfen unberücksichtigt. Doch will ich, auf die Gefahr hin, mich blosszustellen, mit meinen Gedanken nicht zurückhalten.

Ohne den ausgezeichneten Männern, welche an der Gestaltung unseres Gymnasialwesens sich betheiligten oder noch daran arbeiten, zu nahe treten zu wollen, kann ich meine Ueberzeugung nicht verbergen, dass der Geist des Gymnasiums nicht gehörig Schritt hielt mit der Entwickelung des modernen Geistes der Menschheit. Wie aus dem Vorigen hervorgeht, habe ich ein offenes Auge für die Gefahren, mit denen zu weit getriebener Realismus unsere geistige Cultur bedroht. Aber die neue Gestalt, welche die Naturwissenschaft dem menschlichen Dasein ertheilte, ist doch auch nicht wegzuleugnen. Es hiesse, dem Vogel Strauss ähnlich, den Kopf in den Sand stecken, wollte man den gewaltigen, vorher geschilderten Umschwung verkennen, und es wäre vergeblich und gefährlich, dem rollenden Rade solcher weltgeschichtlichen Entwickelung in die Speichen zu fallen. Bis jetzt hat aber das Gymnasium dieser Entwickelung nicht gebührend Rechnung getragen. Trotz einigen mehr scheinbaren als wirklichen Zugeständnissen ist es im Innersten noch immer die aus der Zeit der Reformation, wo es noch keine Naturwissenschaft gab, stammende gelehrte Schule, welche wesentlich auf Vorbereitung für Geisteswissenschaften bedacht ist.

In diesem Zurückbleiben des Gymnasiums hinter den Forderungen der Zeit liegt die Stärke der Realschule. Auf die verwickelte Frage nach den Befugnissen beider Arten von Anstalten einzugehen, kann hier nicht meine Absicht sein. Uebrigens bekenne ich mich zur Ansicht Derer, welche nur Eine Art höherer Schule wollen, die ihre Zöglinge gleich vorbereitet und gleich berechtigt zur Universität, zur Gewerbe- und zur Bau-Akademie, zum Heer u. s. w. entlasse. Selbstverständlich müsste dies das zweckmässig umgestaltete humanistische Gymnasium sein. Um ohne jede Verwaltungsmaassregel der Nebenbuhlerschaft der Realschule ein Ende zu machen, scheint nur nöthig, dass das Gymnasium den Zeitbedürfnissen etwas von seinen ehrwürdigen, aber überlebten Ansprüchen opfere, und etwas mehr den Strebungen der modernen Welt sich anpasse. Sobald das Gymnasium *bona fide* mit neuem Geiste sich tränkt, und geeignete Vorbildung auch solchen gewährt, welche anderen als Geisteswissenschaften sich widmen, wird jene Nebenbuhlerschaft von selber aufhören. Die viel erörterte Frage nach Zulassung der Realschul-Abiturienten zu Facultätsstudien wäre dadurch aus der Welt geschafft, dass die Realschule auf das ursprünglich ihr zugedachte Maass einer in ihrem Kreise sehr nützlichen Gewerbeschule zurückginge.

Was ich denn vom Gymnasium verlangen würde, damit es mir den Forderungen der Zeit zu entsprechen scheine? Im Grunde äusserst wenig. Ein Erstes ist klar. Ich verlange mehr Mathematik. Der mathematische Lehrplan des Gymnasiums müsste die Discussion der Gleichung zweiten Grades und einige andere ebene Curven umfassen, wie auch durch die Tangententheorie den Blick in die Differentialrechnung eröffnen. Hierzu müssten freilich der Mathematik mehr Stunden, statt vier sechs bis acht, eingeräumt werden. Bei den Versetzungs- und Maturitätsprüfungen müsste Mathematik den alten Sprachen und der Geschichte wirklich gleichstehen. Die Gleichberechtigung der Mathematik-Lehrer mit den Lehrern jener Fächer würde dann auch eine Wahrheit werden.

Man erwartet nun vielleicht, dass ich vom Gymnasium auch noch eine grosse Erweiterung des naturwissenschaftlichen Unterrichtes zu fordern im Sinn habe. Aber ich beabsichtige gar nicht, aus dem Gymnasium eine naturwissenschaftliche Bildungsanstalt zu machen. Alles, was ich will, ist, dass es den Bedürfnissen des künftigen Arztes, Baumeisters, Officiers so gerecht werde, wie denen des künftigen Richters, Predigers, Lehrers der classischen Sprachen. Ich wünsche also nur soviel Naturbeschreibung in den unteren Classen, dass der Sinn für Beobachtung geweckt werde, und dass sich Gelegenheit biete, die Knaben mit der gleichfalls in den Tiefen der Erkenntniss wurzelnden Classificationsmethode vertraut zu machen, deren erziehende Kraft CUVIER so eindringlich schildert.[57] Der Darwinismus, dem ich sonst huldige, bleibe dem Gymnasium fern. In den höheren Classen wünsche ich aus den in meinem Gutachten[58] angegebenen Gründen nicht etwa Physik und Chemie mit Versuchen, sondern Mechanik, die Anfangsgründe der Astronomie, der mathematischen und physikalischen Geographie, wofür ohne Schaden eine Stunde mehr als bisher ausgeworfen werden könnte.

Wie aber Zeit gewinnen für diese Neuerungen? In der Prima wären durch Aufhebung des Religionsunterrichtes zwei Stunden einzubringen. Man begreift nicht, was dieser solle in einer Classe, deren protestantische Schüler alle schon eingesegnet sind; daher denn auch in dem vorher erwähnten officiösen Lehrplan über eine halbe Seite engen Druckes darauf verwendet ist, das Pensum dieses Unterrichtes zu erläutern, während für das mathematische Pensum fünf Zeilen genügten. Wenn man jene halbe Seite, und die entsprechende für Ober-Secunda, liest, glaubt man, den Lehrplan eines theologischen Seminars vor sich zu haben. Beim besten Willen bleibt dunkel, wie „Lesen der Augustana, woran die Unterscheidungslehren geknüpft werden“,[59] zur allgemeinen Bildung gehöre, welche das Gymnasium seinen Zöglingen mitgeben soll.

Mein anderer Vorschlag, um für Mathematik und Naturwissenschaft Luft zu schaffen, wird vermuthlich noch mehr, wenigstens in noch weiterem Kreise, anstossen, als der erste. Kaum wag' ich es auszusprechen: ich wünsche die formale Beschäftigung mit dem Griechischen einzuschränken. Meine Begeisterung für die Schönheiten der griechischen Literatur giebt gewiss der keines deutschen Schulmannes etwas nach. Allein ich täusche mich sehr, oder das, was eigentlich Zweck des griechischen Studiums ist: Kenntniss griechischer Sage, Geschichte und Kunst, Durchdrungensein mit griechischen

Idealen und Ideen, kann auch ohne die unsägliche und meist für das Leben verlorene Mühe erreicht werden, welche es kostet, ein paar griechische Sätze auch nur auf das Nothdürftigste zusammenstümpern zu lernen. Als GOETHE Iphigenie dichtete, THORWALDSEN den Alexanderzug modellirte, konnten sie sicher nicht ein griechisches Extemporale in Unter-Secunda eines unserer Gymnasien schreiben.[60] Wenn es einen griechischen Schriftsteller giebt, den fast alle Schüler mit Verständniss, ja Begeisterung lesen, viele auswendig und lieb behalten, so ist es Vater HOMER. Und doch weicht seine Mundart von der, in welcher die Extemporalien geschrieben werden, so ab, dass die durch diese gewährte Uebung für ihn so gut wie nicht da ist. Es gelingt also auch ohne schriftliche Exercitien, eine todte Sprache so weit zu bewältigen, wie es für das Lesen der Autoren nöthig ist; und, wie HOMER, könnten auch die attischen Musterschriftsteller gelesen werden, indem die schriftliche Arbeit dabei auf Vorbereitung und Uebersetzung sich beschränkte. Ich habe schon früher einmal meine ketzerische Meinung entwickelt, dass zu viel Beschäftigung mit dem Griechischen der deutschen Schreibart nachtheilig gewesen sei.[61] Unfraglich ist Latein, mit seiner durchsichtigen Klarheit, seiner knappen Bestimmtheit und sicheren Auslegbarkeit ein besserer Lehrgegenstand, um daran den Verstand zu üben und den Sinn für die grundlegenden Erfordernisse einer guten Schreibart, Richtigkeit, Schärfe und Kürze des Ausdruckes, zu wecken und zu bilden, als Griechisch mit seinen vielen Formen und Partikeln, deren Bedeutung mehr künstlerisch geahnt, als logisch zergliedert werden kann. Seit der Zeit, wo der Gymnasialunterricht wesentlich seine heutige Gestalt erhielt, wandelte sich unsere Kenntniss des Alterthumes fast völlig um: die dürre Philologie ward lebendige Kunde jener untergegangenen Welt, und noch täglich vermehren glückliche Ausgrabungen unseren Schatz antiker Lebensbilder. Den Laien in der Pädagogik will es bedünken, als müsste hier, wie beim naturwissenschaftlichen Unterricht, die *Demonstratio ad oculos* Wunder thun, und als liesse sich durch Vorzeigen von Abbildungen den Schülern in wenig Stunden mehr echter Hellenismus einflössen, als durch noch so langes Reden über die Aoriste, den Conjunctiv und Optativ, und die Partikel ἄν.

Im Geschichtsunterricht wünschte ich den oft in unerspriessliche Einzelheiten der bürgerlichen Geschichte — z. B. der römischen Parteikämpfe oder der mittelalterlichen Zänkereien zwischen Kaiser und Papst — sich versteigenden Lehrgang reichlicher, als zu geschehen pflegt, mit umfassenden Culturgemälden durchflochten zu sehen, auf denen die Gestalten wissenschaftlicher, literarischer und künstlerischer Heroen sich abhöben. Die Menge sehr nutzloser Jahrzahlen, welche man die jungen Leute auswendig lernen lässt, fällt um so peinlicher auf, wenn man sich erinnert, dass ihnen die wichtigsten Constanten der Natur, selbst ihrem Dasein nach, unbekannt sein dürfen. Gehört es wirklich mehr zur allgemeinen Bildung, das Jahr eines agrarischen Gesetzes oder des Regierungsantrittes eines salisch-fränkischen Kaisers auswendig zu wissen, als die Verbrennungswärme des Kohlenstoffs oder das mechanische Wärmeäquivalent?

Die Zeit erlaubt mir nicht, auf die Frage nach dem Gymnasialunterricht in den neueren Sprachen mich einzulassen. Wichtiger und schwieriger erscheint mir übrigens die Frage, wie bessere Ausbildung der Gymnasialschüler in der Muttersprache zu erreichen sei. Ich erwähnte schon, dass es meiner Meinung nach dabei um Bekämpfung eines deutschen Nationalfehlers sich handelt; diesen Punkt genauer zu erörtern, würde vollends uns hier zu weit führen.

Ich sprach bisher immer nur von *meinen* Wünschen. Allein ich stehe damit nicht allein. Eine grosse Zahl ansehnlicher Männer jeden Faches weiss ich mit mir in Uebereinstimmung. Unter der Fahne:

„*Kegelschnitte! Kein griechisches Scriptum mehr!*“

getraue ich mir, ein durch die Summe der darin vertretenen Intelligenz formidables Gymnasialreform - Meeting zusammenzubringen. Lebhaft freue ich mich, mit meinem Fachgenossen, Hrn. Prof. Adolph Fick in Würzburg, welcher unlängst „Betrachtungen über die Gymnasialbildung“[62] veröffentlichte, in fast allen wesentlichen Punkten mich zu begegnen.

Es wäre vermessen, in so verwickelten Dingen die Zukunft durchschauen zu wollen. Um aber schliesslich den allgemeinen Gedanken wieder aufzunehmen, welcher auf diese besondere praktische Frage führte, so scheint mir in einer Reform des Gymnasiums, wie ich sie anzudeuten wagte, immerhin die beste Sicherung zu liegen, welche gegen Ueberfluthung unserer geistigen Cultur mit Realismus sich finden lässt. Das verjüngte Gymnasium, wieder in Uebereinstimmung mit den Forderungen der Zeit, wird dem Kampfe mit dem Realismus erst wahrhaft gewachsen sein. Anstatt seine Zöglinge mit classischen Studien bis zum Ekel zu übersättigen, sie gegen den Zauber des Hellenismus abzustumpfen, durch pedantische Formenquälerei sie gegen den Humanismus zu verstimmen, und durch die ihnen gewaltsam eingeprägte Richtung sie mit der umgebenden Welt in Widerspruch zu versetzen, wird es ihnen eine nach neueren Begriffen harmonische Durchbildung gewähren, welche, auf geschichtlicher Grundlage ruhend, auch die modernen Culturelemente im richtigen Maass in sich aufnahm. Indem das Gymnasium selber dem Realismus innerhalb gewisser Grenzen eine Stätte bereitet, waffnet es sich am besten zum Kampf wider seine Uebergriffe. Indem es ein kleines Stück aufgiebt, verstärkt es das Ganze und erhält so vielleicht ein hohes ihm anvertrautes Gut der Nation: wenn er überhaupt noch zu retten ist, den deutschen Idealismus.

ANMERKUNGEN.

[1] (S. 7). C. VOGT, Vorlesungen über den Menschen u. s. w. Giessen, 1863. Bd. 1. S. 108.

[2] (S. 8). JOH. MÜLLER, Handbuch der Physiologie des Menschen u. s. w. Bd. II. Coblenz, 1840. S. 519.

[3] (S. 8). Du Spitzberg au Sahara etc. Paris, 1866. p. 572.

[4] (S. 9). Der alte und der neue Glaube. 3. Aufl. Leipzig, 1872. S. 97.

[5] (S. 9). E. DU BOIS REYMOND, Untersuchungen über thierische Elektricität. Bd. I. Berlin, 1848. S. XLII.

[6] (S. 10). History of Civilisation in England. 2d Ed. London, 1858. vol. I. p. 120 sqq.

[7] (S. 10). FAYRER, The Thanatophidia of India etc. London, 1872. Fol. p. 32. — Die wahrscheinlichste Zahl ist 20,000. — S. auch Sir JAMES PAGET, bei ARCHIBALD DIXON, The Vivisection Question etc. London and Edinburgh, 1877. p. 38. Note 1. (Vergl. Anm. 47.)

[8] (S. 10). Handbuch der historisch-geographischen Pathologie. Erlangen, 1860. Bd. 1. S. 209 ff.

[9] (S. 11). S. EDWARD BURKE's *Lumen dicendi* im Verfahren gegen WARREN HASTINGS bei MACAULAY, Critical and Historical Essays etc. Leipzig, 1850. vol. IV. p. 341.

[10] (S. 11). Tent Life in Siberia. London, 1870. p. 209.

[11] (S. 12). History of the Rise and Influence of the Spirit of Rationalism in Europe. London, 1865. 2d Ed. vol. I. p. 17.

[12] (S. 13). Eine auf dasselbe hinauslaufende Beurtheilung der BUCKLE'schen Lehre findet sich schon bei OSCAR PESCHEL, Völkerkunde u. s. w. Leipzig, 1874. S. 324 ff.

[13] (S. 13). Vergl. GERHARD BERTHOLD, Notizen zur Geschichte des Principes der Erhaltung der Kraft. Monatsberichte der Berliner Akademie der Wissenschaften. 1875. S. 577. — POGGENDORFF's Annalen der Physik u. s. w. 1876. Bd. CLVIII. S. 342.

[14] (S. 15). Vergl. ZELLER, Die Philosophie der Griechen in ihrer geschichtlichen Entwickelung u. s. w. 3. Aufl. Leipzig, 1875. 2. Th. 1. Abth. S. 108.

[15] (S. 15). *ΑΙΣΧΥΛΟΥ ΠΡΟΜΗΘΕΥΣ ΔΕΣΜΩΤΗΣ.* v. 442 sqq.

16 (S. 15). Zweiter Abdruck. Wien 1869.

17 (S. 15). *Περὶ τῶν ἀρεσκόντων τοῖς φιλοσόφοις.* Ueber die zweifelhafte Vaterschaft der Schrift vergl. Monatsberichte der Akademie. 1874. S. 485.

18 (S. 15). Journal des Savants. Paris, 1849. 4. p. 500.

19 (S. 16). Vergl. HELMHOLTZ, Die physiologischen Ursachen der musikalischen Harmonie. In: Populäre wissenschaftliche Vorträge. Heft I. 2. Aufl. Braunschweig, 1876. S. 81. 82.

20 (S. 16). Vergl. E. DU BOIS-REYMOND, Ueber eine Akademie der deutschen Sprache. Monatsberichte der Akademie, 1873. S. 264. 265. — Besonders erschienen bei Dümmler, 1874. S. 21.

21 (S. 17). WHEWELL, History of the Inductive Sciences from the earliest to the present time. A new Edition etc. London, 1847. vol. I. p. 130.

22 (S. 17). Vergl. die Uebersetzung des Arateischen Lehrgedichtes von CICERO, in M. T. Ciceronis Opera quae supersunt omnia etc. Ed. Orellius. Turici 1828. Vol. IV. P. II. p. 531.

23 (S. 17). *Quae septem dici, sex tamen esse solent.* — OVID theilt zwei mythologische Hypothesen mit, weshalb die siebente Plejade verschwunden sei. Fastorum Lib. IV. v. 170—178.

24 (S. 17). Vergl. Lord BYRON's Beppo, XIV. Stanze.

25 (S. 17). Minder abfällig über das Sehen der Plejaden durch die Alten äussert sich AL. v. HUMBOLDT, Kosmos u. s. w. Band III. Stuttgart und Tübingen, 1850. S. 65.

26 (S. 17). SALVAGE, Anatomie du Gladiateur combattant applicable aux Beaux-Arts etc. Paris, 1812. fol. p. IV.

27 (S. 18). PRESCOTT, History of the Conquest of Mexico etc. London, 1843. vol. I. p. 124. 125. vol. II. p. 60. 108. 109.

28 (S. 18). Vergl. MOMMSEN, Römische Geschichte. 6. Aufl. Band III. Berlin, 1875. S. 627.

29 (S. 22). Die Chemie in ihrer Anwendung auf Agricultur und Physiologie. 7. Aufl. Braunschweig, 1862. Einleitung in die Naturgesetze des Feldbaues. S. 86 ff.

30 (S. 22). LIEBIG's Ansicht von der Bodenerschöpfung und ihre geschichtliche, statistische und national-ökonomische Begründung, kritisch geprüft u. s. w. Jena, 1864.

31 (S. 23). Meinem gelehrten und scharfsinnigen Collegen, Hrn. ZELLER, verdanke ich folgende Notiz. Von der Hypothese der mechanischen Weltentstehung aus Atomen sagt CICERO: „Hoc qui existimat fieri potuisse, non intelligo, cur non idem putet, si innumerabiles unius et viginti formae literarum vel aureae vel quales libet aliquo coniiciantur, posse ex his in terram excussis annales Ennii, ut deinceps legi possint, effici; quod nescio an ne in uno quidem versu possit tantum valere fortuna." (De Natura Deorum. L. II. c. XXXVII. 93. — M. T. Ciceronis Opera etc. Ed. Orellius. Turici 1828. Vol. IV. P. II. p. 68. 69). Wahrscheinlich rührt die Betrachtung vom Stoiker PANAETIOS her, der etwa von 180—112 v. Chr. lebte, und bei dem statt der Annalen des ENNIUS wohl die Ilias stand. Es ist gewiss merkwürdig, dass das Argument von umgestürzten Setzerkasten sich schon bei den Alten findet, welche keinen Setzerkasten kannten. Noch merkwürdiger ist unstreitig, dass die Alten Jahrhunderte lang sich mit der Vorstellung beweglicher Buchstaben tragen konnten,

aus denen Wörter, Sätze, ein Gedicht sich zusammenstellen lassen würden, und dass sie nie darauf kamen, diesen Gedanken in's Werk zu setzen.

32 (S. 25). Vergl. *Titi Livii ab Urbe condita Lib. XXXX* 21. 22. — PETRARCA begeht den meines Wissens bisher unbemerkt gebliebenen, im Texte von mir berichtigten Fehler, den Haemos (Balkan) nach Thessalien zu verlegen.

33 (S. 25). *Odero, si potero. si non, invitus amabo.* — Amorum Lib. III. Eleg. X. v. 35.

34 (S. 25). Die durch das im Text geschilderte Ereigniss — welches in das 32. Lebensjahr des Dichters fällt — so berühmt gewordene Stelle heisst im Original: „*Et eunt homines admirari alta montium, et ingentes fluctus maris, et latissimos lapsus fluminum, et Oceani ambitum, et gyros siderum, et relinquunt seipsos.*" *Sancti Augustini Confessionum Libri tredecim* . . . Herausgegeben von KARL V. RAUMER. Stuttgart, 1856. S. 241. — Der Vorgang selber findet sich besprochen bei K. V. RAUMER a. a. O. Anm.; — G. VOIGT, Die Wiederbelebung des classischen Alterthums oder das erste Jahrhundert des Humanismus. Berlin, 1859. S. 82; — J. BURCKHARDT, Die Cultur der Renaissance in Italien u. s. w. Basel, 1860. S. 296; — CH. MARTINS, der den Ventoux bestieg, Le Mont-Ventoux en Provence. Revue des Deux Mondes. Livraison du 1 Avril 1863. — Auch in der Sammlung: Du Spitzberg au Sahara etc. p. 405.

35 (S. 26). Hr. GIUSEPPE FRACASSETTI hat in seiner italiänischen Uebersetzung der Briefe PETRARCA's gezeigt. dass PETRARCA's Brief über die Besteigung des Ventoux nicht, wie man bis dahin glaubte, an den Cardinal GIOVANNI COLONNA, sondern wahrscheinlich an den im Texte genannten Pater DIONYSIUS von Borgo San Sepolcro gerichtet war. Lettere di Francesco Petrarca ec. Firenze 1863. vol. I. p. 481 e seg. (cfr. p. 424.)

36 (S. 26). BURCKHARDT, Die Cultur der Renaissance u. s. w. A. a. O. S. 284.

37 (S. 26). PHILALETHES, DANTE ALIGHIERI's Göttliche Komödie u. s. w. Thl. I. S. 298. Taf. II. III.

38 (S. 28). Vergl. DILLMANN, Der Verfall des Islâm. Rede u. s. w. Berlin, 1876. 4. S. 4.

39 (S. 29). Vergl. ZELLER, Die Geschichte der griechischen Philosophie u. s. w. A. a. O. S. 159 ff.

40 (S. 31). Vergl. E. DU BOIS-REYMOND, Ueber Geschichte der Wissenschaft. Rede u. s. w. Monatsberichte der Akademie. 1872. S. 696. — Besonders erschienen (zusammen mit der Rede über eine Akademie der deutschen Sprache) bei Dümmler, 1874. S. 48. 49.

41 (S. 31). Vergl. über dies Entwickelungsstadium des menschlichen Geistes WHEWELL, History of the Inductive Sciences etc. vol. II. p. 23 sqq.

42 (S. 31). Discorsi e Dimostrazioni matematiche intorno a due nuove Scienze ec. 4. Leida, 1638. (Zu unterscheiden von Dialogo ec. sopra i due massimi Sistemi del Mondo ec.)

43 (S. 35). Vorlesungen über die Philosophie der Geschichte. Herausgegeben von ED. GANS. 2. Aufl. Berlin, 1840. S. 102.

44 (S. 37). Vergl. E. DU BOIS-REYMOND, VOLTAIRE in seiner Beziehung zur Naturwissenschaft. Rede u. s. w. Monatsberichte der Akademie. 1868. S. 35. — Besonders erschienen bei Dümmler, Berlin, 1868. — Uebersetzt von L. LÉPINE unter dem Titel: VOLTAIRE considéré comme Homme de Science. Paris, 1869.

45 (S. 37). DIDEROT'S Leben und Werke. Leipzig, 1866. Bd. II. S. 417.

46 (S. 38). Vergl. meine Antwort auf Hrn. W. SIEMENS' Antrittsrede u. s. w. Monatsberichte u. s. w. 1874. S. 475. — Der Ausdruck stammt meines Wissens von einem amerikanischen Tagesschriftsteller her.

47 (S. 38). In der Rundschau hatte ich das Wort: Wissen ist Macht, nach einer mir nicht erinnerlichen englischen Quelle HOBBES zugeschrieben. Ich wurde zu spät darauf aufmerksam, dass es BACON zu gehören scheint, der nach BÜCHMANN in seinen *Meditationes sacrae (de haeresibus)* sagt: „*Nam et ipsa scientia potestas est.*" Geflügelte Worte u. s. w. 5. Aufl. Berlin, 1868. S. 111. Hr. Dr. BERTHOLD hat aber, wie er mir schrieb, in der in seinem Besitze befindlichen sehr seltenen *Editio princeps* von HOBBES' Elementen der Philosophie (*Elementorum philosophiae sectio prima de Corpore, Authore* THOMA HOBBES, *Malmesburiensi.* Londini 1655. 8°. Pars I. Cap. I. § 6 p. 4) die Stelle entdeckt, auf der vermuthlich HOBBES' Ansprüche an die Urheberschaft jenes Wortes beruhen. Dort heisst es nämlich: „*Nam ut quis de rerum dubiarum difficultate superata, vel de abditissimarum veritatum detectione, apud se tacitus gaudeat et triumphet, tantae operae quanta Philosophiae impendenda est, pretium esse non judico; neque vero cuiquam ut se scire sciat alter, si modo nihil inde aliud consequuturum se putet, magnopere studendum esse censeo.* SCIENTIA PROPTER POTENTIAM: *Theorema (quod apud Geometras proprietatis investigatio est) propter Problemata, id est propter artem construendi; omnis denique speculatio, actionis vel operis alicujus gratia instituta est.*"

48 (S. 39). Essay on RANKE'S History of de Popes. In der Tauchnitz'schen Sammlung der Essays, Leipzig, 1850; vol. IV. p. 99.

49 (S. 41). Vergl. LUDIMAR HERMANN, Die Vivisectionsfrage. Für das grössere Publicum beleuchtet. Leipzig, 1877. — In's Englische übersetzt von ARCHIBALD DICKSON unter dem Titel: The Vivisection Question popularly discussed. London and Edinburgh, 1877. — CARL VOGT, Ein frommer Angriff auf die heutige Wissenschaft. In: Nord und Süd. Eine deutsche Zeitschrift. Mai 1877. S. 225. — E. DU BOIS-REYMOND, Der physiologische Unterricht sonst und jetzt. Rede bei Eröffnung des physiologischen Instituts zu Berlin. Berlin, 1878. S. 21 ff.

50 (S. 43). Ueber eine Akademie der deutschen Sprache u. s. w. Monatsberichte, a. a. O. S. 255. — Besonderer Abdruck, S. 8.

51 (S. 45). Wahrheit und Dichtung. Ausgabe in 30 Bänden. Bd. XVII. 1851. S. 404.

52 (S. 48). Akademische Gutachten über die Zulassung von Realschul-Abiturienten zu Facultätsstudien. Amtlicher Abdruck. Berlin, 1870. S. 22—32.

53 (S. 50). Ueber eine Akademie der deutschen Sprache. S. oben Anm. 20.

54 (S. 50). WIESE, Verordnungen und Gesetze für die höheren Schulen in Preussen u. s. w. 1. Abth. Berlin, 1867. S. 63. 73. 122.

55 (S. 51). Sur l'Homme et le Développement de ses Facultés, ou Essai de Physique sociale. Bruxelles, 1836. t. II. p. 114. 132.

56 (S. 51). Bd. I. Berlin, 1848. S. XXVI ff.

57 (S. 56). Le Règne animal distribué d'après son Organisation etc. Paris, 1817. t. I. p. XVIII. XIX.

58 (S. 56). Vergl. Akademische Gutachten u. s. w. S. 24.

59 (S. 56). A. a. O. S. 53.

60 (S. 57). Unter dem 6. November 1795 schreibt WILH. V. HUMBOLDT an SCHILLER: „So weit bin ich entfernt, die eigentliche Sprachkenntniss auch nur zu einem sehr wichtigen Maassstab der Vertraulichkeit mit dem Geiste der Griechen zu machen, und GOETHE und HERDER, die beide vielleicht nur mässig griechisch wissen, sind hier redende Beweise.“ Briefwechsel zwischen SCHILLER und WILHELM VON HUMBOLDT. Stuttgart und Tübingen, 1830. S. 275.

61 (S. 57). Ueber eine Akademie der deutschen Sprache u. s. w. Monatsberichte, a. a. O. S. 267. — Besonderer Abdruck, S. 24 ff.

62 (S. 58). KRUMME's Pädagogisches Archiv. Centralorgan für Erziehung und Unterricht u. s. w. Bd. XVIII. 1876. S. 449.

Druck von Bär & Hermann in Leipzig.

Druck von Bär & Hermann in Leipzig.

www.ingramcontent.com/pod-product-compliance
Lightning Source LLC
LaVergne TN
LVHW042250300926
849161LV00003B/544